# 职业素养

**就业技能培训教材** | 人力资源社会保障部职业培训规划教材
人力资源社会保障部教材办公室组织编写

主　编　王玉明
副主编　郭兴民　刘桂平
编　者　张　凡　杨灵菲　王　芳　韩　倩
主　审　王学玲
副主审　王立群　刘宝丰

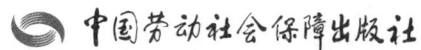
中国劳动社会保障出版社

图书在版编目（CIP）数据

职业素养/人力资源社会保障部教材办公室组织编写. -- 北京：中国劳动社会保障出版社，2019

ISBN 978-7-5167-3874-0

Ⅰ.①职… Ⅱ.①人… Ⅲ.①职业道德-职业教育-教材 Ⅳ.①B822.9

中国版本图书馆 CIP 数据核字（2019）第 034816 号

## 中国劳动社会保障出版社出版发行

（北京市惠新东街 1 号　邮政编码：100029）

\*

北京市艺辉印刷有限公司印刷装订　新华书店经销
850 毫米×1168 毫米　32 开本　5.75 印张　117 千字
2019 年 3 月第 1 版　2023 年 1 月第 9 次印刷
定价：15.00 元

营销中心电话：400-606-6496
出版社网址：http://www.class.com.cn

版权专有　　侵权必究

如有印装差错，请与本社联系调换：（010）81211666
我社将与版权执法机关配合，大力打击盗印、销售和使用盗版图书活动，敬请广大读者协助举报，经查实将给予举报者奖励。
举报电话：（010）64954652

# 前　言

国务院《关于推行终身职业技能培训制度的意见》提出，要围绕就业创业重点群体，广泛开展就业技能培训。为促进就业技能培训规范化发展，提升培训的针对性和有效性，人力资源社会保障部教材办公室对原职业技能短期培训教材进行了优化升级，组织编写了就业技能培训系列教材。本套教材以相应职业（工种）的国家职业技能标准和岗位要求为依据，并力求体现以下特点：

全。教材覆盖各类就业技能培训，涉及职业素质类，农业技能类，生产、运输业技能类，服务业技能类，其他技能类五大类。

精。教材中只讲述必要的知识和技能，强调实用和够用，将最有效的就业技能传授给受培训者。

易。内容通俗，图文并茂，引入二维码技术提供增值服务，易于学习。

本套教材适合于各类就业技能培训。欢迎各单位和读者对教材中存在的不足之处提出宝贵意见和建议。

人力资源社会保障部教材办公室

# 内 容 简 介

本教材以党的十九大精神为指导,将社会主义核心价值观、职业道德、工匠精神的基本内容融入教材,以现代企业对员工综合职业素养的基本要求为依据,运用理论与实践相结合的方法较为系统全面地讲述了从业者应当培养和锻炼的职业素养,主要包括:职业道德、劳模精神与工匠精神,质量意识与法纪素养,环保、安全与健康卫生素养,职业技能素养,职业创新能力,职业礼仪素养,职业沟通能力,企业文化素养,职业生涯规划。本教材体例新颖、可读性强,收集整理了丰富的案例和生动的故事,编写时着眼于参与体验、自身感悟并逐渐内化为自觉信念的职业素养养成过程,结合各章的讲述设计了思考和实践锻炼项目,做到了理论学习与实践锻炼的统一。

本教材在编写过程中得到天津市职业技能培训研究室的大力支持,在此表示衷心的感谢。

# 目　录

第1章　职业素养成就梦想 …………………………………（ 1 ）

　　第一节　职业素养是立业之基 ……………………（ 1 ）
　　第二节　全面培养锻炼职业素养 …………………（ 5 ）

第2章　培养职业道德、劳模精神与工匠精神 ……………（ 13 ）

　　第一节　培养高尚规范的职业道德 ………………（ 13 ）
　　第二节　培养引领时代的劳模精神 ………………（ 20 ）
　　第三节　培育精益求精的工匠精神 ………………（ 26 ）

第3章　培养质量意识与法纪素养 …………………………（ 35 ）

　　第一节　培养严格苛刻的质量意识 ………………（ 35 ）
　　第二节　培养自觉自律的法纪素养 ………………（ 41 ）

第4章　培养环保、安全与健康卫生素养 …………………（ 53 ）

　　第一节　培养绿色节能的环保素养 ………………（ 53 ）
　　第二节　培养防患未然的安全素养 ………………（ 56 ）
　　第三节　培养良好乐观的健康卫生素养 …………（ 61 ）

第5章　培养职业技能素养 …………………………………（ 73 ）

　　第一节　职业技能是立业之本 ……………………（ 73 ）

· I

第二节　培养职业技能的主要途径 …………………（77）

# 第6章　培养职业创新能力 ………………………………（83）

　　第一节　创新是突破发展的关键 ……………………（83）
　　第二节　培养职业创新能力的主要途径 ……………（86）

# 第7章　培养职业礼仪素养 ………………………………（99）

　　第一节　礼仪是人际和谐交往的前提 ………………（99）
　　第二节　培养职业礼仪素养的主要途径 ……………（101）

# 第8章　培养职业沟通能力 ………………………………（113）

　　第一节　沟通改变人的思想行为 ……………………（113）
　　第二节　培养人际沟通能力 …………………………（117）
　　第三节　培养团队沟通能力 …………………………（125）

# 第9章　培养企业文化素养 ………………………………（135）

　　第一节　企业文化是管理的高级阶段 ………………（135）
　　第二节　培养企业文化素养的主要途径 ……………（142）

# 第10章　规划职业生涯，实现职业梦想 ………………（153）

　　第一节　职业生涯规划指明奋斗目标 ………………（153）
　　第二节　实现顺利就业的主要途径 …………………（160）

# 第 1 章
# 职业素养成就梦想

不管你是正在找工作，还是已经进入工作岗位，你一定都期望今后能在自己的职业岗位上做出成绩，实现美好的人生追求。那么，要实现梦想，你不仅要学习专业知识、锻炼操作技能，更要全面培养综合职业素养、培育工匠精神，从而使自己在生产、建设、服务、管理等职业岗位上做出业绩，为实现自己的梦想奠定坚实的基础。

## 第一节 职业素养是立业之基

### 一、职业和职业素养

职业是每一个人的安身立命之本。职业就是从业人员为获取主要生活来源而从事的社会性工作类别。职业一般具备目的性、社会性、稳定性、规范性、群体性五个特征。

一个人选择一个职业后，就成为了一名职业人。所谓职业人，就是参与社会分工，自身具备一定的综合职业素养，并能够通过为社会创造物质财富和精神财富而获得合理报酬，在满足自我精神需求和物质需求的同时，实现自我价值最大化的群体。

如何成为一名合格的现代职业人呢？这就要求我们不仅要掌握一技之长，而且要养成职业人应当具备的综合素养。

### 为什么一个中职生会应聘成功？

某大酒店要招聘一名大堂经理，要求的基本条件是：中职以上学历，酒店服务与管理专业，体貌端正。有一百多人报名应聘。最后，一名酒店服务与管理专业的中职毕业生被选中。在应聘者中，这名中职生的文凭最低，为什么会选他呢？人们感到不解。主管招聘的经理是这样解释的：因为他具备了成为一名大堂经理的基本素养，所以最后选定他。这些素养主要体现在以下几个方面。

在进入酒店门口时，他蹭掉脚下带的土。这说明他是一个有"心"的人。一个有心的人，才不至于因忽视人际关系细节而产生与同事、顾客之间的矛盾。

在酒店大厅等待面试时，当看到一位残疾老人，他立即起身让座。这说明他是一个有"德"的人。一个有德的人，才能把握好做事的分寸。

在进入招聘面试现场时，他先摘下帽子。这说明他是一个有"礼"的人。一个懂得遵守礼仪规范的人，才能做到尊重别人，才会得到别人的尊重。

在回答问题时，能够选择恰当的语言，并显示出机智、幽默的沟通技巧。这说明他是一个有"智"的人。一个充满智慧的人在处理人际关系时,能化干戈为玉帛,化腐朽为神奇。

这个案例说明,用人单位在选择某一岗位的员工时,不仅要看他是否具备了必需的专业知识和技能等基本条件,而且会更加注重考查他的职业素养。因此,要有意识、有目的地全面培养自己的职业素养。只有这样,才能更容易找到或晋升到自己理想的岗位或职位。那么,什么是职业素养呢?职业素养,是人们在从事职业活动时内在的要求所要具备的素质,是一个人在职业活动中表现出来的综合品质。职业素养是每个职业人的立业之基。

"素养"一词,《现代汉语词典》解释为"平日的修养",《辞海》里解释为"经常修习培养"。由此看来,从词的本意角度来说"素养"是指人通过长期的学习和实践(修习培养)在某一方面所达到的高度。它是指一个人在品德、知识、才能和体格诸方面先天性的条件和后天性的学习与锻炼的综合结果。

## 二、外在职业素养和内在职业素养

一般地讲,职业素养由两部分构成:一部分是外在职业素养,由职业人的形象、资质、知识和职业技能等要素构成,可以通过各种学历证书、职业资格证书等来证明,或者通过专业考试来验证;另一部分是内在职业素养,由职业人的道德文明、守法意识、对待职业的态度和观念等要素构成,是人们看不见的、内在的素养。外在职业素养和内在职业素养共同构成了职业人所应具备的全部职业素养。内在职业素养相对于外在职业素养具有如下特征:

1. 普适性

内在职业素养是每个职业人必备的基本素养。从事任何职业都要具备必需的道德文明素养、守法意识、正确的职业态度和职业观念。

2. 稳定性

职业人的内在职业素养是在长期职业实践中日积月累形成的。它一旦形成，便具有相对的稳定性。

3. 内在性

职业人在长期的职业活动中，经过自身学习、认识和亲身体验，知道怎样做是对的，怎样做是不对的，从而有意识地内化、积淀和升华这一心理品质。我们经常会听到有人说："把这件事交给××去做，有把握，让人放心。"企业之所以放心让某人去做一件事，就是因为其内在素养好。

4. 发展性

社会的发展对人们不断提出新的要求，同时，人们为了更好地适应、满足社会发展的需要，也应当不断提高自身的素养。从这一角度来说，职业基本素养具有发展性。

内在职业素养和外在职业素养的关系可以用一座浮在大海中的冰山来形容。浮在水面以上的部分是外在职业素养，占整座冰山的 1/8；隐藏在水面以下的部分是内在职业素养，占整座冰山的 7/8。这一比喻形象地说明，职业人大部分的职业素养是不能直接观察到的，能够让人直接观察到的只是一小部分。但是，不能直接观察到的部分却决定、支撑着可以直接观察到的部分。也就是说，没有内在职业素养的支撑，职业人的外在职业素养就不可能显露出来并发挥作用。

作为职业人,职业素养的培养应该着眼于整座"冰山",并且要在培养外在职业素养的基础上,重点培养内在职业素养。

## 第二节　全面培养锻炼职业素养

万丈高楼平地起。一名职业人要实现人生梦想,就要从现在开始,一步一个脚印,循序渐进地培养和锻炼职业素养。

### 一、树立正确的职业意识

迟到的后果

某 IT 企业要招聘一名网络维修工,经过技术笔试和实际操作测试,一名高中毕业生应聘成功。可是,上班第一天他就迟到了。主管问他:"为什么上班第一天就迟到?"他轻描淡写地解释:"昨晚看球赛,早上起来晚了。"主管说:"我们的工作需要团队成员合作才能完成。你一个人迟到,工作就不能开展。你不能把看球赛作为影响工作的理由。"后来,这名高中毕业生迟到的行为还是时有发生。结果,试用期未满企业就通知他另谋出路。

职业意识是指人们对职业岗位的认同、评价、情感和态度等心理因素的总和,其核心是爱岗敬业精神,也就是在本职岗位上能够踏踏实实地做好工作。良好的职业意识可以最大限度地激发人的活力和创造力。这不仅是个人成为一名优秀员工的前提,而且是企业赢得顾客与利益的基础。树立正确的职业意识首先要做到的是,端正对待职业的态度。只有端正了态度,才能认同自己正在从事的职业,才能对职业活动充满情感,才能养成爱岗敬业的精神。

### 态度不同结果就不一样

一位心理学家在研究过程中,为了实地了解人们对于同一件事情在心理上所反映出来的个体差异,来到一个建筑现场,对忙碌的敲石工人进行询问。

心理学家的问题是相同的,即"请问你在做什么?"

第一位工人很烦躁地回答:"在做什么?你没看到吗?我正在用这个重得要命的铁锤,来敲碎这些该死的石头。而这些石头又特别的硬。这真不是人干的工作。"

第二位工人无奈地答道:"为了每周500元的工资,我才会做这件工作。若不是为了一家人的温饱,谁愿意干这份敲石头的粗活。"

第三位工人眼中闪烁着喜悦的神采,兴奋地说道:"我正参与兴建这座雄伟华丽的大楼。大楼落成之后,这里可以容纳许多人来工作。虽然敲石头的工作并不轻松,但当我想到,将来会有无数人来到这里快乐工作,心里就感到特别有意义。"

同样的工作,同样的环境,却有如此截然不同的态度。

第一位工人对待工作是完全被动的。可以设想,这个人将得不到任何用人单位的青睐,甚至可能被解雇。

第二位工人对待工作是麻木的。他认为工作的目的仅仅是挣钱。企业对这类人抱有任何希望肯定是徒劳的。因为这类人抱着为薪水而工作的态度，根本不是企业可依靠和信赖的员工。

第三位工人完美地体现了职业意识：自动自发，自我激励，视工作为快乐。持有这种职业意识的员工就是企业所要寻找的员工。他所在的企业，也会给他最大的回报。

几年以后，前两位工人的工作没有任何成就，而第三位工人则成为了一名优秀的建筑师。

"态度决定一切！"作为表达积极职业意识的一句名言传遍了全世界。每个人都有不同的工作轨迹，有的人成为单位的中流砥柱，实现了自己的价值；有的人一直碌碌无为；有的人牢骚满腹，总以为与众不同，而到头来仍一无所获。众所周知，除了少数天才，大多数人的禀赋相差无几。那么，是什么成就了一个人的业绩呢？是态度！

如果把学习当作一种痛苦的负担，你会取得好的成绩吗？如果把工作当作一种痛苦的负担，你的职业活动会是什么结果？所以，职业人必须以正确的态度看待所从事的职业并将其转化为自觉的爱岗敬业精神。工作并不仅仅是谋生的手段，而且是事业的追求。

## 二、有计划、有目的、系统地培养锻炼职业素养

职业人要尽可能地利用各种教育培训资源，认真学习、积极思考，较为系统地了解培养职业素养的基本要求，思考提升职业素养的方法和途径。

职业人一定要珍惜宝贵时光,刻苦努力地全面培养和锻炼职业素养,为成就个人梦想奠定基础。只有坚持刻苦努力,才能学会学习、学会做事;只有坚持刻苦努力,才会使青春无悔。幸福不会从天降,美好日子等不来。一分耕耘,一分收获。要想干一番事业,使人生更出彩、生活更美好,就离不开脚踏实地的刻苦努力、胼手胝足的奋斗。不经一番寒彻骨,哪得梅花扑鼻香。只有具备良好职业素养的人,才会在职业活动中取得成功,才会有人生的幸福,才会成就人生的梦想!

思考与实践

1. 阅读下面短文并思考,成就蓝领专家的职业素养有哪些?

### 蓝领专家孔祥瑞的职业素养

一位初中毕业的普通工人,在生产一线工作的三十多年里,通过勤奋学习、不断钻研,创造了近百项科技成果,有的获得国家专利,有的操作法以他的名字命名。他的创新成果为企业带来数千万元的经济效益和巨大的社会效益。他创造了数项全国同行第一。他,就是被人们称为蓝领专家的天津港煤码头公司一队队长、全国劳动模范——孔祥瑞。

孔祥瑞,17岁走进港口,成为天津港第一代大型门吊司机。别看孔祥瑞只有初中文化,钻研起技术来却如饥似渴。他找来设备说明书,一页一页地学,一项一项地啃,不明白的找资料,不懂的找人问,直到把厚厚的说明书弄通弄熟。孔祥瑞有个记工作日志的习惯，每天，设备出现哪些故障、什么原因、修理过程、注意事项等都一一记录在案，不漏掉任何有价值的细节。在不断的学习和摸索中，十几年下来，他对自己掌控的多种设备从工作原理到技术参数都已烂熟于心。因此，当有些连专家都感到棘手的问题出现时，孔祥瑞却能想出办法，妙手回春。"可以没有文凭，不可以没有知识"，是孔祥瑞十分欣赏的一句话。多年来，他把工作岗位当成课堂，靠着勤奋学习储备的知识，靠着长期实践积累的经验，把门机的"脾气秉性"摸了个透，成长为工人专家。凭着一种执着的钻研精神和创新意识，并非科研人员的孔祥瑞，1999年到2000年带领队里的骨干攻克了门机中心受电器发生短路的技术难关，这项创新成果于2003年被国家知识产权局授予实用新型发明专利。据粗略统计，十余年来，孔祥瑞主持开展的技术创新项目就达150余项，为企业创效8 400余万元。

单凭上述业绩，孔祥瑞就让人竖大拇指了。然而，孔祥瑞的贡献并不止于此。在他身上，除了"知识型技术工人"的特点之外，还有传统劳模的"老黄牛精神"，强烈的责任心、使命感，还有"吃苦在前，享受在后""任劳任怨，无私奉献"的精神。而这些品质，这种精神，是成就他事业的动力和根基。

身为一队之长，多少年来，最苦最累最危险的时候，他总是冲在最前面。大大小小的问题总能被他发现，发现了就要解决，不解决就睡不着觉。他常说："问题多解决一个，企业生产就多一份保障。"

孔祥瑞的难能可贵之处还在于他的团队意识和集体主义精神。他在技术上取得的每一个突破，他在工作上体悟的每一点心得，总要分享给团队，变成大家共同的知识、共同的本领。每周一一上班，他就把副队长和全体维修电工集合起来，组织大家进行现场分析和技能培训。遇到问题不放过，与大家及时分享自己的技术心得，不断提高全队的操作水平和维修技能。同时，他还把自己记日志的习惯培养成全队技术骨干的习惯，变为"工作法"，让团队整体受益。正是在他的带动和培育之下，这些年，他的团队出了不少人才，其中，市、部级劳模2人，7人走上了领导岗位，还有多人成了全国和市级技术能手。

天津港把孔祥瑞确定为"港口工人的坐标"，号召大家向他学习。面对赞扬，孔祥瑞说："我是个工人，干不出什么惊天动地的大事，不过就是有一种责任感，把企业的事当成自己的事，一点一滴地做，忠诚老实地做，最大限度地做。只有企业发展好了，工人才有前途，国家才能富强。还有，我胸前的这朵红花是大家给凑上去的，没有完美的个人，只有完美的团队，每人一朵小红花，到了我身上就变成了大红花。"

知识经济时代的产业工人需要具备怎样的素养，以怎样的状态、怎样的方式在创造社会物质财富的同时，创造和实现自身的价值？孔祥瑞为我们提供了一个令人振奋和信服的答案。

**我的思考：**

_____

_____

_____

2. 设 A，B，C，D，…，Z=1，2，3，…，26

则有：STUDY=S+T+U+D+Y=19+20+21+4+25=89

算一算下面的结果：

HARD WORK=?

LOVE=?

LUCK=?

MONEY=?

ATTITUDE=?

思考一下，对待自己要完成的事情，为什么要持有正确的态度？

**我的思考：**

_____

_____

_____

_____

设 A、B、C、D……X、Y、Z 这 26 个英文字母，分别等于百分之 1、2、3、4……24、25、26 这 26 个数值。

那么: STUDY = $S+T+U+D+Y = 19+20+21+4+25 = 89\%$

看一看下面几组:

HARD WORK = ?

LOVE = ?

LUCK = ?

MONEY = ?

ATTITUDE = ?

选择一下，对待日复一日的事情，你们应该持着什么态度呢?

有何思考。

# 第2章 培养职业道德、劳模精神与工匠精神

古人说:"太上有立德,其次有立功,其次有立言,虽久不废,此之谓不朽。"现今,我们将"立德、立功、立言"称为人生成功的三部曲。要想成为一名优秀的职业人,只有将"立德"作为成功之本,恪守职业道德规范,以劳模精神为引领,不断地培育工匠精神,才能立足本职建功立业,实现自己的职业梦想。

## 第一节 培养高尚规范的职业道德

职业道德就是从事一定职业的人们在特殊的职业关系中,在长期职业活动的基础上形成的、具有自身职业特征的道德原则和规范的总和。职业道德是从业人员在职业活动中应当遵循的道德,是在职业生活中形成和发展起来的,调节职业活动中的特殊道德关系和利益矛盾的原则和规范。它是一般社会道德在职业活动中的体现,其基本要求是忠于职守并对社会负责。

"小胜靠智,大胜靠德。"这句话揭示了一个深刻的道理,一个职业人的成功固然要靠聪明才智,但更重要、更根本的是靠优秀的

职业道德素养。职业人应当按照忠于职守的基本要求，培养自己的职业道德素养，为今后自觉地遵守具体行业的职业道德要求奠定基础。

## 一、培养忠诚的品德

要做到忠于职守，首先就要具备忠诚的品德。什么叫作"忠"呢？古人说：忠者，德之正也。惟正己可以化人，故正心所以修身乃至于齐家、治国、平天下。"忠诚"的解释是，忠于职守，真诚待人。"忠"指的是"坚守中心，不偏不倚"，"诚"指的是"言出必成，信守诺言"。职业人的忠诚就是心系企业、兢兢业业、恪尽己任。

当今时代，人才成为企业的核心竞争能力，企业之间的竞争在很大程度上取决于具有相对稳定、素质高并且忠诚度高的员工队伍。所以，现代企业提出的选人、用人标准是忠诚第一，能力第二。通过观察那些在企业里做到很高职位的人，你会发现，他们往往具有的一个共同特点，就是在这家企业里工作过很长时间。他们不仅在专业技能上突出，能够独当一面，更重要的是他们对于企业忠诚无二，能够得到领导的高度信任。

忠诚是神圣的，并不是一种可以随便付出的情感。如果你不打算忠诚于一个企业，就不要随便选择它；如果你忠诚于一个企业，就不能轻易离开它。如果你选择了为某一个企业工作，那就真诚地、负责地将自己的工作做好。忠于工作，能让你把握人生成功的先机。忠诚可以使你在职场中发挥最大的价值，获得最大的利益，忠诚也会让你得到企业的长久信任。

# 第2章 培养职业道德、劳模精神与工匠精神

## 洪小莲的成长

李嘉诚的秘书洪小莲,1972年加入李嘉诚的长江实业集团。当时的长江实业规模很小,只有十多个职员。洪小莲努力协助李嘉诚打理生意。后来,长江实业由塑胶花及玩具生意逐步转向地产业务。洪小莲也随之转为专门负责集团的售楼事务并负责联络传媒的工作。十几年里她扶摇直上,至1985年出任公司董事,年薪1200万港元。由一个秘书跃升为一家市值1000多亿港元的公司的执行董事,洪小莲的心得是:"和公司共成长,共分享苦乐。"每一家公司在成长的过程中,都需要大量优秀人才加盟。对于老板而言,只有他"信得过"的人,才有可能委以重任。试想,假如有一天你当了老板,你愿意把重任委托给一个你信不过的人吗?

为了培养职业人忠诚的品德,从现在起,就要养成诚实、正直的美德。因为,只有诚实、正直的人,才会具备忠诚的品德。

> **小故事**
>
> ### 诚实的坎贝斯
>
> 坎贝斯10岁时曾到一家糖果店干活。一次扫地时,他看见地上有15美分,便捡起来交给店主。店主拍拍他的肩膀说,"我是有意把钱扔到那儿的,目的是要试试你是否诚实。"坎贝斯因为诚实获得了老板的信任,整个高中阶段老板都留他在店里干活。诚实让他保住了当时非常难找的工作,诚实也成就了他后来的事业。后来,坎贝斯成为美国波音航空公司的董事长。

## 二、培养勇于担当责任的品德

要做到忠于职守,就要培养勇于担当责任的品德。所谓责任,就是做好分内应做的事,没有做好分内应做的事就应当承担过失。

### 80年后的函件

在我国南方某城市,有一座建于1917年的6层楼房。该楼的设计者是英国的一家建筑设计事务所。20世纪末的一天,也即那座楼在漫漫岁月中度过了80个春秋后的某一天,它的设计者远隔万里,给这座大楼的业主寄来一份函件。函件告知:该楼为本事务所在1917年所设计,设计年限为80年,现已超期服役,敬请业主注意。

80年前盖的楼房,不要说设计人,连当年施工的人也很少有在世的。然而,至今竟然还有人为它操心,而且是最初的建筑设计事务所!虽然已有近一个世纪的变迁,但仍然坚守着一份责任!

责任是每个人必须担当和无法逃避的,因为责任使人生变得有意义和有价值,没有责任的人生是苍白且乏味的。尽管在人们担当责任的过程中,不可避免地也要承担压力和面对各种困难,但一个真正能够承担起责任的人,是会勇敢地面对这些的。责任能够赋予人们走出逆境的勇气和决心,做自己的主人。

人们选择了一种职业,就要担当起职业岗位责任。一个人的职业活动不仅仅是为了金钱,为了生存,从事职业活动更重要的是人的一种需要,是人寻找个体价值的一种选择。职业活动满足了人自我实现的需要,而这是人的最高需要。人需要认同感和满足感,职业活动满足了人的这种需要。在人的生命中,有近乎三分之一的时间都在从事职业活动。从某种意义上说,生命就是在职业活动中度过的。

有人曾说,假如非常热爱你的职业岗位,那你的生活就是天堂;假如非常讨厌你的职业岗位,你的生活就是地狱。因为,在你的生活当中,有大部分的时间是和职业岗位联系在一起的。不是岗位需要人,而是任何一个人都需要岗位。你对职业岗位的态度决定了你对人生的态度,你在岗位上的表现决定了你在人生中的表现,你在岗位上的成就决定了你在人生中的成就。在职业岗位上,严格要求自己,勇敢地承担起属于自己的那份责任,全力以赴,能做到最好,就绝不做一般,能完成100%就绝不只完成99%,这才是企业需要的优秀员工。

### 小故事

#### 司机的责任心

2012年5月29日中午,杭州长运客运二公司的司机吴斌驾驶着一辆大型客车从无锡返回杭州,车上有24名乘客。11时40分左右,车行驶至锡宜高速公路宜兴方向阳山路段时,一块大铁片突然从天而降,在击碎挡风玻璃后,砸向吴斌的腹部和手臂。在被击中的一瞬间,吴斌本能地用右手捂了一下腹部。之后他强忍着剧痛缓缓减速,拉起手刹,开启双跳灯并打开车门。交警赶到现场后,安全疏散乘客。此时吴斌已脸色发青,意识模糊。

处理事故的交警说:"一般情况下,客车紧急制动,车辆会失控,乘客会有碰撞伤,而这辆大客车上没有一个乘客受伤。""大客车刹车拖印是笔直的,一个肝脏被突然刺破的司机,要用怎样的意志力才能做到这一点啊!真是一个超人!"

"超人"的意志力从哪里来?在他心中,责任就是生命。他用生命保证了乘客的安全。

没有做好分内的事情，就要勇敢地承担起责任，决不能推卸责任。推卸责任就意味着一个人失去了实现自我价值的机会。

### 什么改变了命运

小林和小康是速递公司的同事，他俩同时进公司，业绩不相上下。然而，有一件事改变了他们的命运。

一次，小林和小康负责把一件贵重的古董送到码头，领导反复叮嘱他们路上要小心。没想到，送货车半路坏了。于是小林凭着自己力气大，背起古董一路小跑，在规定的时间赶到了码头。这时小康说："我来拿吧，你去叫货主。"他心里暗想，客户看到我拿着古董，告诉领导，领导说不定会给我加薪呢！他只顾想，当小林把古董递给他时，他没接住，古董掉到地上摔碎了。

"你怎么搞的，我没接呢，你就放手！"小康大喊。

"你明明伸出手了，是你没接住。"小林辩解道。

他们都知道古董打碎意味着什么，没了工作不说，可能还得赔偿。果然，领导严厉地批评了他俩。

"经理，不是我的错，是小林不小心弄坏了。"小康趁小林不注意，偷偷来到领导的办公室。领导平静地说："谢谢你，我知道了。"

领导把小林叫到办公室。小林把事情的前前后后如实向领导汇报，最后说："这件事是我的失职，我愿意承担责任。小康的经济条件不好，他的责任我愿意承担，我一定会弥补造成的损失。"

小林和小康等待着处理的结果。一天，领导把他们叫到办公室："公司一直对你俩很器重，想从你俩当中选择一个担任客户经理，没想到出了这件事，但我们也因为这件事更清楚谁是最合适的人选。我们决定请小林担任客户经理。因为，一个勇于承担责任的人值得信任。"领导接着说："其实，古董的货主看见了你俩在交接古董时的情形，告诉了我事实。我也看到了出现问题后你俩的反应。"

## 三、培养自觉自律的品德

人们一开始或许只是由于某种约束而遵守道德规范，但是，人们最终的目的是要把道德规范作为一种自觉的行为。自觉自律是个人意志成熟的表现，是一种应特别注意养成的品德。没有规矩不成方圆，只有每个人自觉遵守道德规范，才能保证一切正常进行。当人们具有强烈的自律意识，并且懂得无条件执行的重要性时，才会猛然发现个人的学习与工作都有一个崭新的开始。道德规范是一种非常必要的约束手段。只有懂得遵守道德规范的人，才能无坚不摧，勇敢地完成任务。

要培养自觉自律的品德，就要用慎独的方法不断地锻炼和约束自己。慎独是修养的重要方法，也是一种修养的境界。

"道也者，不可须臾离也，可离，非道也。是故君子戒慎乎其所不睹，恐惧乎其所不闻。莫见乎隐，莫显乎微。故君子慎其独也。"这段话的意思是，在任何情况下都不能违背道德规范，特别是在没有人监督的情况下，也要按照道德规范的要求去做。

职业素养

> **小故事**
>
> **小事体现的品质**
>
> 一个人在人前表现如何并不能反映其真实的自我，而在自己独处时才能表现其原有品质。诚然，在人前应该注意自己的形象，但在没有其他人监督的时候，仍然自觉地约束自己的行为更为重要。有这样一个故事：某公司新来了一批员工，大家忙的时候都积极工作，但当闲下来时，有人便上网聊聊天、打打电子游戏。这天，某打字员在办公室内无事，进来一个衣着朴素的老员工。他说自己办公室的打印机出了点毛病，想用她的机器打印一份材料。打印的时候老员工和她闲聊，问她怎么不上网聊天、打游戏。她说："在上班时间这样做，不太好吧？"老员工没有说什么。不久该打字员被调到了总经理办公室做秘书。原来，那个老员工是公司的总经理。就是这么一件小事，让总经理看到了一个人的品质。

## 第二节　培养引领时代的劳模精神

### 一、什么是劳模精神

劳模，即劳动模范的简称，是各行各业涌现出的先进模范人物。劳模是民族的精英、国家的脊梁、社会的中坚和人民的楷模。他们在不同的社会发展阶段，始终走在改革开放和社会主义现代化建设的最前列，以忘我的献身精神，激励着一代又一代劳动者为祖国的繁荣富强而拼搏。他们是当之无愧的时代领跑者。

自1950年第一批全国劳动模范诞生至今，劳模这一独具中国特色的社会荣誉一直伴随着新中国的发展进步。从"铁人精神"到

# 第 2 章 培养职业道德、劳模精神与工匠精神

"振超效率",从"掏粪工人"到"杂交水稻之父",都是时代的精神符号和力量化身,一代又一代先进模范人物干一行、爱一行、精一行,在各自的工作岗位上建功成才,为社会创造了巨大的物质财富和精神财富。

## 劳模们的事迹

"铁人"是石油工人王进喜的称号,铁人精神是对王进喜崇高思想、优秀品德的高度概括,也集中体现出我国石油工人的精神风貌。铁人精神内涵丰富,主要包括:"为国分忧、为民族争气"的爱国主义精神,"宁可少活 20 年,拼命也要拿下大油田"的忘我拼搏精神,"有条件要上,没有条件创造条件也要上"的艰苦奋斗精神,"干工作要经得起子孙万代检查""为革命练一身硬功夫、真本事"的科学求实精神,"甘愿为党和人民当一辈子老黄牛"、埋头苦干的奉献精神等。铁人精神在过去、现在和将来都有着不朽的价值和永恒的生命力。1959 年 9 月,王进喜被评为全国劳动模范。

青岛港集装箱"振超效率"以当代中国产业工人的杰出代表许振超的名字命名,以"泊位效率、船时效率、单机效率"三大效率和"计划兑现率、装箱到位率、单证准确率"三个百分百为核心,精心打造"10 小时保班"服务名牌,全心全意为船舶公司和广大货主提供一流的装卸服务。目前,青岛港"振超效率"已八次打破集装箱装卸世界纪录。2005 年许振超被评为全国劳动模范。

1952 年,时传祥加入了北京市崇文区清洁队,从事城市清洁工

作。他合理计算工时,挖掘潜力,把过去7个人一班的大班,改为5个人一班的小班。他带领全班由过去每人每班背粪50桶增加到80桶,他自己则每班背90桶,最多每班掏粪背粪达5吨。管区内居民享受到了清洁优美的环境,而他背粪的右肩却被磨出了一层厚厚的老茧。他以主人翁的姿态,以"搞好环境卫生,美化人民首都"为己任,肩背粪桶,走家串户,利用公休日为居民、机关和学校义务清理粪便,整修厕所。因而赢得了人们的普遍尊敬,也赢得了很多荣誉。1959年时传祥被选为全国劳动模范。

袁隆平,一个属于中国也属于世界的名字,他发起的"第二次绿色革命"给人类带来了福音。现为中国工程院院士的袁隆平,从20世纪60年代开始致力于杂交水稻的研究,经过12年的努力,成功培育出了三系杂交水稻。1976年至1987年间,他培育的杂交水稻种植面积累计达到11亿亩,增产稻谷1 000亿千克。1979年,杂交水稻作为我国第一个农业技术专利转让美国。此后,他又研制出一批比现有三系杂交水稻增产5%~10%的两系品种间杂交组合。如今,我国大江南北的农田普遍种上了袁隆平研制的杂交水稻。杂交水稻的大面积推广,为我国粮食增产发挥了重要作用。袁隆平的杂交水稻引起了世界的关注,许多国家的专家到中国来取经,印度、越南等二十多个国家和地区引种了杂交水稻。袁隆平的努力,也为解决世界粮食短缺问题做出了贡献。国家授予袁隆平"全国先进科技工作者""全国劳动模范"和"全国先进工作者"等光荣称号。联合国世界知识产权组织授予他金质奖章和"杰出的发明家"荣誉称号。国际同行称他为"杂交水稻之父"。

这些先进模范人物用自己的辛勤劳动和开拓创新，谱写了可歌可泣的动人篇章，充分展示了中华民族顽强拼搏、自强不息的崇高品格，充分体现了中国人民与时俱进、开拓创新的时代风貌。他们身上那种爱岗敬业、无私奉献、艰苦奋斗、勇于创新的优秀品质，是民族精神、时代精神的集中体现。时代变迁，每一个时期的劳模都有着不同的事迹和特点，但永远不变的是劳模精神。

## 二、对标践行劳模精神

劳模是在平凡岗位上成就卓越的典范，是以一种最令人信服和尊敬的方式取得职业成就，实现个人社会价值的典型模范。职业人进入职场后，从事的都是平凡的工作，但在平凡的岗位上做出不平凡的业绩，是每位职业人都可能而且能够做到的。要实现在平凡的岗位上做出不平凡业绩的目标，就要不断地对标劳模，找出自身差距，努力践行劳模精神。

### （一）培养劳动精神

职业人培养劳模精神必须以培养劳动精神为基础。劳动光荣、创造伟大是对人类文明进步规律的重要诠释。中华民族是勤于劳动、善于创造的民族。正是因为劳动创造，我们拥有了历史的辉煌；也正是因为劳动创造，我们拥有了今天的成就。劳动精神是劳模精神的重要组成部分，树立并彰显了一种辛勤劳动、诚实劳动、创造性劳动的精神境界。只有具备劳动精神的人，才能通过自己的劳动，收获满足感、快乐感、尊严感，在创造丰富物质财富的同时也拥有丰盈的精神世界。

> **小故事**
>
> **庄稼汉的遗言**
>
> 从前有一个富裕的庄稼汉,他在临终前,把旁人支开,只把自己的孩子召到跟前,说:"你们千万不要卖掉家产和土地,那是祖辈留下来的,地里埋着财宝。我不知道确切的位置,但你们只要发奋挖掘,就一定能成功。秋收后你们就去翻地,挖、锄并用,每个地方都别落下。"庄稼汉说完便死了,他的孩子们根据父亲临死前说的话,把地里翻了个遍,可是一年过去了,什么财宝也没有找到,地里的收成却比往年要好得多。这时,他们终于悟出了父亲临死前暗示的道理:只有劳动,才能创造财富。

五千年中华文明是劳动人民辛勤创造的。尊重劳动、热爱劳动已融入中华民族的骨髓。"锄禾日当午,汗滴禾下土,谁知盘中餐,粒粒皆辛苦""民生在勤,勤则不匮",很好地诠释了劳动的艰辛和伟大。

三百六十行,行行出状元。每位职业人,要想在百舸争流、千帆竞发的洪流中勇立潮头,在不进则退、不强则弱的竞争中赢得优势,必须不断培养劳动精神,通过辛勤劳动、诚实劳动、科学劳动创造更加美好的生活。

### (二)培养敬业精神

敬业精神是劳模精神的内在本质,是正确认识和理解劳模精神的关键词。正是因为自觉的、强烈的敬业精神,劳模才以车间为家、以厂为家、以企为家、以国为家,才具有积极主动的进取精神和创新精神。职业人培养劳模精神,就应当自觉地培养敬业精神。

敬业是中华民族的传统美德。《礼记》中就有"敬业乐群"的说法，孔子也主张"敬事而信""执事敬"。宋朝朱熹说，"敬业"就是"专心致志以事其业"，即用一种恭敬严肃的态度对待自己的工作，认真负责，一心一意，任劳任怨，精益求精。

培养敬业精神是职业人走向成功的必由之路。《孟子·告子下》中说过，"天将降大任于斯人也，必先苦其心志，劳其筋骨，饿其体肤，空乏其身，行拂乱其所为，所以动心忍性，曾益其所不能"。意思是，要想干一番事业，必定要呕心沥血、意志坚强、甘于吃苦、勇于奉献，才能有所成就，用现代的话来讲，就是要有敬业精神。牡丹花好空入目，枣花虽小结实成。幸福不会从天而降，梦想不会自动成真。职业人只有不断培养敬业精神，勤奋地工作，持续地努力，才能成为一名令人尊敬的劳模。

案例

## "锤钉兄弟"的敬业精神

从2012年开始，武汉全面进入建设密集期，地铁、立交桥等建设工程密集，高峰时数千个工地同时施工。工地破坏的路面，施工方常用路钉固定几块钢板，覆盖坑洼以便通行。车辆长时间碾压造成钢板移位，或者施工结束后存在疏漏，路面上凸出的路钉便成为过往车辆的"噩梦"。"70后"谢舒明和"80后"彭龙是武汉公交集团四公司修理厂的普通员工，为从源头上消除车胎被扎的隐患，他们利用休息时间，抡起30斤重的铁锤，穿行在城市的滚滚车流中，上街锤钉，对凸出路面、危害行车安全的铁钉主动说"不"。他们一干就是大半年，清除路钉数百枚，被大家亲切地称为"锤钉兄弟"。"锤钉兄弟"有时一走就是三十多公里（千米），遇到路况较好的路段时，彭龙就将车辆打开"双闪"停在路中，指挥过往车辆避让；遇到路况较差的路段时，彭龙就将车停在一边，谢舒明拖着沉重的大铁锤子沿路查看，遇到破坏性较强的路钉，就立刻联系彭龙前往指挥交通。容易处理的路钉，谢舒明三五下就砸入地下；遇上难啃的"钉骨头"，兄弟俩需要轮换锤砸十多分钟。不断猛力砸钉，常用的铁锤多次开裂，锤面坑坑洼洼。谢舒明身高不足170厘米，长期抡锤使他的右手掌心磨出一个硬币大的老茧。谢舒明说："路钉要睁大眼睛找，现在走路都成'低头族'了，遇到'眼中钉'就盘算着怎么锤掉。"经过半年多的锤钉，他们所在胎工组的抢修情况从每天的五十多次减少到十多次，每天可以少补二十条轮胎，算下来200天仅公交这一块，就可以减少4 000条轮胎受损。兄弟俩以实际行动向人们展现了敬业精神。

## 第三节　培育精益求精的工匠精神

### 一、什么是工匠精神

自古以来，人们就把有手工技艺专长且从事相关职业的人称为工匠。如从事生产服务的木匠、皮匠、铁匠、花匠、裱糊匠、油漆匠、剃头匠等，还有从事精神产品创作的如乐工、画匠等，三百六十行，行行有工匠。工匠有普通手艺人，也有造诣很高的人，后者又被称为巨匠或大师。无论是在以往，还是在现今，能够成为巨匠、

## 第2章 培养职业道德、劳模精神与工匠精神

大师,或者是能够在各自岗位上做出卓越成绩的人们,都具有良好的工匠精神。所谓工匠精神,就是对自己所从事的工作执着专注、精益求精、持续创新提高品质的精神。工匠精神是有志在职业活动中取得优秀业绩的职业人应当具备的主要职业素养。

古代的"中国制造"远近闻名。古代工匠以他们的智慧和勤劳创造出优质的物质产品和精神产品。中国的丝绸、瓷器、茶叶、漆器、金银器等产品曾是世界各国王公贵族追求的精品。正是千千万万追求精湛技艺的工匠,以他们的敬业、勤奋、执着和创造精神,缔造了灿烂辉煌的中华文明。今天,实现中华民族伟大复兴的中国梦,更需要传承和发扬工匠精神。

### 航天人的工匠精神

在探索浩瀚宇宙、发展航天事业、建设航天强国的伟大征程中,除了需要科研人员的不懈努力和创新探索,还需要有一大批技能人才的共同奋斗,才能成就我们伟大的航天梦。据中国航天科技集团有限公司统计,航天科技集团共有技能型员工近6.6万人,约占员工总数的40%。其中,高级技师1 200余人,航天特级技师185人,12人先后获得中国技能人才最高奖。

令人叹为观止的绝活儿,出现在航天科技集团各个单位的厂房里。航天产品各个零部件精度要求极高,误差常常以微米计,需要技能员工用焊枪焊接,用刀片削切,用手触摸、感觉。每一个小小的零件、接口、焊缝的准确,都依赖于每位技能员工花费多年光阴

磨炼的手艺。火箭、卫星、探测器等精致的航天产品越来越庞大，但最终都要通过技能员工的双手制造和组装成型。技能员工的水平决定了航天产品的质量，继而影响航天任务的成败。他们使用的工具、加工的零部件和生产的产品各不相同，但是，在他们身上都体现着精雕细琢、严谨务实的工匠精神。

## 二、培养工匠精神的主要途径

自古以来，那些取得成就的工匠，无不是树立了对事业的执着追求之志，心无旁骛、甘于寂寞、不遗余力，一步一个脚印，艰苦磨炼，才能使产品、技能乃至人生不断走向极致、走向成功。当今，每一位职业人要想取得令人钦佩的成绩，必须在工作过程中通过以下两条路径不断培养锻炼自己的工匠精神。

### （一）培养专注执着的品质

工匠精神，体现为具有一种不懈追求、持之以恒，全神贯注投入工作之中的专注执着的品质。艺要精，贵在专。从古至今，被称为巨匠或大师者，无不始于静心、成于专注。滴水可以穿石，就在于它瞄准一个方向，驰而不息。专注，从来没有天赋和运气的成分，靠的是细心积累、信念支撑。在当下，注意力开始成为一种稀缺资源，谁下的功夫足够大，谁花的心思足够多，谁就能在竞争中领先一步。只要功夫深，铁杵磨成针，"功夫深"的背后更是一种执着之心在支撑。正所谓"书痴者文必工，艺痴者技必良"。这一"痴"字，便是执着的别名。

## 一生只做一双鞋

在上海有一位鞋匠,名叫许来成,他13岁时只身前往台北学习制鞋,自此与手工皮鞋结缘。58年来,从一名出身贫寒的鞋匠学徒到传承手工制鞋工艺的一代宗师,许来成走过了无数的风风雨雨。"一生只做一双鞋"的初心是他毕生的信念与动力。

在台湾时,许来成就一直想尝试手工制鞋领域最高端的挪威缝线工艺。普通的皮鞋缝线只有一层,而挪威缝线工艺可以做到三层甚至四层,由此带来穿着上极大的舒适感。经历无数次的尝试与失败,挪威缝线这项困扰中国工匠数十年的技术难关,终于在持续三年的努力下被攻克。复杂的缝线技术带来了超过一般皮鞋的离地高度,穿起来柔软舒适,甚至可以达到冬暖夏凉的效果。

一些外国政要在上海访问时还专门找他定制皮鞋。外国政要的褒奖让许来成对自己的手艺更加充满自信。此后,许来成为自己又制订了一个新的计划,与徒弟一起研制一款比肩意大利制作工艺的复古手工鞋。三年,1 095个日日夜夜,许来成的生活完全被这个计划填满了,他的口袋里始终装着一块皮革,甚至吃饭睡觉都在琢磨。许来成在上海和广州间往返数十次,执着的坚守,终于制作出工艺超越国外的手工皮鞋。

孔子曾说过:"譬如为山,未成一篑,止,吾止也;譬如平地,虽覆一篑,进,吾往也。"孔子在这里用堆土成山这一比喻,说明"功亏一篑"和"持之以恒"的深刻道理。他鼓励自己和学生们在学问和道德上，都应该坚持不懈，自觉上进。

"欲多则心散，心散则志衰，志衰则思不达也。""心心在一艺，其艺必工；心心在一职，其职必举。"成功只属于专注和执着的人。

（二）培养练就绝活、绝技的意志

工匠精神，体现为对自己的工作精益求精，精雕细刻，不断创新探索，追求极致的品质。真正的成功是什么？就是从最不起眼、最基本的要求开始反复练习，打好最坚实的基础。把简单的事情做到极致，就是在做出卓越成绩的工匠身上所体现的练就绝活、绝技的意志。

对焊接工人来说，一天不出错并不是什么难事，但若要几十年如一日，始终保持100%的合格率，这就有难度了。如果再附加上危险、高温、工艺复杂等外部条件，100%的合格率似乎成了"天方夜谭"。可现实中，恰有这样一批焊接高手。他们不断克服困难，攻克技术难关，还真就实现了100%合格率的"神话"。

案 例

**铸就焊接"神话"**

卢仁峰，中国兵器工业集团首席焊接技师，一个为坦克缝制保护伞的人。一场突如其来的灾难造成他的左手功能丧失，他却苦练单手焊接绝技。一辆坦克的车体由数百块装甲钢板焊接而成，长短焊缝多达800多条。当穿甲弹击中车体的时候，每平方厘米会产生数十吨到数百吨的高压，如果焊接不牢，这些焊缝就会成为最容易被撕裂的开口。所以说，焊接质量是坦克装甲强度的重要保障。作

## 第2章 培养职业道德、劳模精神与工匠精神

为厂里技术最好的焊接工人，卢仁峰专门负责焊接坦克的驾驶舱，这是坦克最关键也是最复杂的部位。卢仁峰单手操作，铸就中国坦克的坚不可摧。

LNG液化天然气船，建造难度大，技术复杂，被称为造船业"皇冠上的明珠"。其中最重要的核心部件的焊接——液货围护系统的殷瓦钢焊接是最为关键的。殷瓦钢厚度仅为0.7毫米，一艘船的总焊接长度130多公里（千米），虽然90%使用机器自动焊接，但仍有十几公里的繁难焊缝需要人工完成。殷瓦钢特别娇气，手直接触摸或沾上汗液，都会令其生锈。因此，每一寸焊接必须像"绣花"一样小心翼翼，才能达到质量标准。短短几米长的焊缝，需要焊接五六个小时，哪怕一个针眼大小的漏点，都会导致液化天然气从船舱泄漏，就可能造成船毁人亡的灾难。张冬伟，一个技校毕业生，工作仅仅十多年，就攀上了这个技术高峰。把薄如纸的一张张殷瓦钢焊接得天衣无缝。这是世界焊接领域的一个技术高峰，也是许多电焊工梦想攀登却又难以企及的技能。

核电是一种清洁的新型能源，然而核电站里面的物质一旦发生泄漏，后果不堪设想。密集布设的管道大都指向核电站的核心部位——核反应堆。这些管道实际上就是连接核电站"心脏"的血管。特别是主管道，出于最重要的核安全考虑，主管道设计管壁厚达70毫米。由于这种材料结构复杂，焊接难度大，目前只能采用手工焊接。而这样的手工焊接需要世界级水平。年仅30岁的中国核工业二三建设有限公司核级管道焊工未晓朋，他担负着焊接核电站"心脏血管"的重任。未晓朋时常在高温下作业。密闭高温，火花淋浴，他手上的焊枪却未有一丝一毫的晃动，焊接的核电站高压管道100%合格。

  思考与实践

1. 阅读下面的短文，思考一下，为什么说慎独既是一种修养的方法，也是一种境界？

东汉人杨震，在从荆州刺史迁为东莱太守时，路过昌邑县，"故所举荆州茂才王密为昌邑令，谒见，至夜怀金十斤以遗震。震曰：'故人知君，君不知故人，何也。'密曰：'暮夜无知者。'震曰：'天知、神知、我知、子知。何谓无知。'密愧而出。"

许衡，是元代三大理学家之一。他早年"家贫躬耕，粟熟则食，粟不熟则食糠核菜茹，处之泰然"。他"尝暑中过河阳，渴甚，道有梨，众争取啖之，衡独危坐树下自若。或问之，曰：'非其有而取之，不可也。'人曰：'世乱，此无主。'曰：'梨无主，吾心独无主乎？'"仍坚决不吃无主之梨。

我的思考：

_____
_____
_____
_____

2. 阅读下面的小故事，思考一下，小木匠与理发匠为何相互钦佩？

从前，有个小木匠来到一家理发店。理发匠热情地迎上去问："要剃头吗？"

小木匠说要剃个光头。理发匠边倒热水,边招呼他坐下。

小木匠坐下后,理发匠仔仔细细给小木匠洗好头,问:"师傅有三个月没理发了吧?"

小木匠略一掐算,说:"师傅好眼力,整整三个月,一天不差。"

理发匠说:"师傅,我要开始剃啦!"说着,将剃头刀在小木匠眼前一晃,手指一搓向上一扔,只见剃头刀滴溜溜打着转,带着寒风向空中飞去,当刀落下时,理发匠手疾眼快,一伸手稳稳地接住剃头刀,并顺势伸向小木匠的头。这下可把小木匠给吓坏了,"啊"的声音还没叫出,只觉头皮一凉,紧接着听到"嚓"的一声,一缕头发已经被削下。

小木匠刚要一闪,"你要干什么?"理发匠用胖手往下一摁,"别动!"说着,刀又旋转着飞向空中,小木匠用力挣扎着要闪,可是被理发匠紧紧按住不能动弹。说时迟那时快,理发匠一接旋转的刀,"嚓"的一声,又是一缕头发落地。小木匠脸都吓白了,又不能挣脱,只好闭上眼睛,心想:这下完了,小命不保啦。

就这样,理发匠一刀接一刀,三下五除二,不一会儿就给小木匠剃好了头。小木匠拿过镜子一照,嘿,不但一点没伤着,而且还剃得锃光瓦亮。

直到这时,小木匠才长舒一口气,但浑身还在发抖。突然,一只苍蝇"嗡嗡嗡"地正好落在理发匠的鼻尖上,小木匠眼疾手快,从自己的挑子中抽出锛子,抡圆了朝着理发匠投去。

此时,理发匠正想用手赶苍蝇,只见小木匠手一挥,不知拿什么东西砸向自己,只感到眼前一晃,一阵风从面前吹过。理发匠吓了一跳,还没回过神来,只见小木匠将锛子头向他面前一伸,上面半只苍蝇的两只翅膀还在呼扇。小木匠拿了面镜子给理发匠一照,理发匠看见另一半苍蝇落在自己的鼻子上,两只前腿还在动。

原来,活活的一只苍蝇被小木匠这一锛子劈为了两半。看完,两个人哈哈大笑,相互佩服地抱拳行礼。

**我的思考:**

# 第3章 培养质量意识与法纪素养

进入新时代，我国经济已由高速增长阶段转向高质量发展阶段。推动高质量发展，要求企业的每一位员工必须具有强烈的质量意识，才能保证企业的产品和服务质量符合标准。职业人应当不断地培养锻炼自己的质量理念，牢固树立以质取胜的理念，严格按照标准完成自己的工作，严守职业纪律，做到知法守法，才能成为一名合格的员工。

## 第一节 培养严格苛刻的质量意识

### 一、质量和质量意识

什么是质量？按照 ISO（国际标准化组织）给出的定义，质量是"一组固有特性满足要求的程度"。具体讲就是，人们生产产品、建设工程、提供服务的性能符合标准并满足要求。质量反映一个国家的综合实力，既是企业和产业核心竞争力的体现，又是国家文明程度的体现；既是科技创新、资源配置、劳动者素质等因素的集成，又是法治环境、文化教育、诚信建设等方面的综合反映。质量既表现为产品质量、工程质量，又表现为服务质量。

> **小故事**
>
> 神奇的长寿灯泡
>
> 人活百岁已属不易，一个灯泡的寿命超过百年，更是不可思议。而世界上寿命最长的灯泡，从1901年一直亮到现在，已经100多年了，简直太神奇了，这就是美国加州利弗莫尔消防局的6号灯泡。灯泡确切的使用日期是未知的，但人们通常在6月18日庆祝它的生日。在过去的100多年里除了少数几次的停电外，这个牢不可摧的灯泡只休息了两次。一次是在1976年，当时将它从一个消防站移到另一个消防站；另一次是在2013年，当时停了9个多小时。40多年前移动灯泡时，为了不打破它人们选择切断细绳而不是将它拧下来，在整个转移过程中还有警察和消防车陪同。整个转移过程持续了22分钟，之后灯泡仍旧能够正常使用。这个世纪灯泡目前已经被吉尼斯世界纪录认证为：世界上寿命最长的灯泡，世界上燃烧时间最长的灯泡。
>
> 据说这只灯泡的设计者叫阿道夫·查莱特。关于这只长寿灯泡的来历，比较一致的说法是，查莱特曾经与爱迪生等发明家比赛，看谁能制造镇上最好的灯泡。看来查莱特笑到了最后，他设计的灯泡可不仅仅是镇上最好的。
>
> 当年参与那场灯泡比赛的野心勃勃的发明家们和众多看客早已作古，甚至制造它的那家电器公司都已关张近百年，比赛的胜负其实不再重要。重要的是，阿道夫·查莱特用这只传奇的灯泡记录了进取和创新，诠释着什么是产品质量可靠性，什么是质量无极限。

对质量的理解和认识也就是一个人的质量意识。质量问题是经济社会发展的战略问题，关系可持续发展，关系人民群众切身利益，关系国家形象。质量是人类社会的不懈追求。质量没有国境，提升质量永无止境，21世纪应该是质量的世纪。对一个企业而言质量就是生命。

**链接**

**不同国家的质量强国战略**

实施质量强国战略是发达国家在经济转型时期的共同选择。德国在20世纪50年代，日本在60年代，美国在80年代，韩国在21世纪，都曾在经济发展关键时期把质量作为国家战略，分别提出"质量革命""质量振兴""质量救国"等政策措施。

## 二、培养质量意识的主要途径

产品质量是企业的立身之本，企业必须坚持以质量为目标，才能在激烈的市场竞争中获得生存和发展。这就必然要求企业的每一位员工具备良好的质量意识。职业人应当不断培养自己的质量意识，树立以质量立身的观念，才能成为一名企业需要的合格员工。

### （一）牢固树立以质取胜意识

**链接**

**先秦的质量管理机制**

中华民族追求质量的历史源远流长。早在先秦时期，就建立了十分严格的产品质量管理机制。据中国典籍记载："物勒工名，以考其诚，工有不当，必行其罪，以穷其情"。意思是，要在制造的器物上刻上工匠的名字，以备责任追究。

"中国制造"在质量的支撑下畅销全球。近年来，我国向不少国家积极推介中国高铁、中国装备，信心来自中国质量已形成的品牌，来自企业树立了以质取胜的经营理念，来自企业员工牢固树立了以质取胜的意识。

## 炮制虽繁必不敢省人工

同仁堂是中药行业著名的老字号,被授予中国国家级非物质文化遗产"同仁堂中医药文化"称号,至今已有300多年的历史。300多年里,同仁堂历经变迁和战乱,历经沧桑,始终昌盛不衰,其精品名药蜚声海内外。

对于所用药材,同仁堂一直有自己独特的原则——"取其地,采其时",讲究的就是"地道"二字:人参用东北吉林的,蜂蜜专用河北兴隆的,白芍用浙江东阳的,大黄用青海西宁的,山药必须是河南的光山药,枸杞必用宁夏所产的。

"处方规定用16头人参,就决不能用32头人参取代。"这也许就是"品味虽贵必不敢减物力"吧。对于药材的加工炮制,同仁堂的要求更是苛刻:比如黄连,必须一根根地去掉须根;远志,必须人工去除有副作用的芯;为了让药品口感更佳,同仁堂一直坚持使用80目的箩过筛;为了保证紫雪丹的效力,一直坚持使用"金锅银铲"。正是这些外人看来也许微不足道之处,彰显着"炮制虽繁必不敢省人工"的熠熠之光。对于这些对药材的苛刻要求,对于这些繁复而增加成本的工序,包括一些新来的伙计,也曾多有腹诽:炮制药材的过程又没人看见,有一些工序省了也不见得会影响药效,何苦如此呢?每逢此时,老同仁堂人都会请出那句药行里的老话教育他们:修合无人见,存心有天知。正是这种对老传统的坚守,这种发自每位员工内心"以质取胜"的自律,才能够让这家药店超越同侪成为御药供应商，历经数百年风雨而不衰。

"以质取胜"是同仁堂生存发展的根本，也是实现"做长、做强、做大"的前提和基础，更是企业"仁本"理念的集中体现。要"仁"要"义"就必须首先讲商品质量，尤其是制药企业，产品关系百姓的生命健康，没有质量就谈不到"仁"和"义"，因而，同仁堂历代继业者始终恪守古训，将质量作为企业管理的重中之重，不敢有丝毫怠慢。"质量至上、安全第一、疗效确切、万无一失"的理念深深影响着一代又一代同仁堂人，构成了同仁堂独特的质量文化。

企业必须要实施以质取胜的经营战略，依靠质量创造市场竞争优势，增强核心竞争力。这需要每一位员工牢固树立以质取胜的意识，从而实现企业的经营战略，在企业壮大发展的同时，实现每一位员工自身的价值追求。质量低下必然要付出沉重代价。

（二）牢固树立规程意识

要使工作符合标准，保证质量，就必须严格按照规程去执行和操作。规程是指人们在工作过程中应当遵守的操作标准和程序。树立规程意识是保证质量的前提。

**拧螺丝的规程**

一些高端机械设备在组装时，对于拧螺丝是有严格的操作规程要求的，其中，有些设备在组装时，要求工人拧螺丝时，执行"进三圈再退回半圈"的操作规程。有一位青年在分配到组装生产线时，开始还能按照规程去操作，但后来，他觉得进三圈再退半圈与直接拧两圈半是一样的，他便采取直接拧两圈半的方法进行操作。结果，造成生产线上的产品质量不符合要求。

执行"进三圈再退回半圈"的操作规程的科学道理是，螺丝在拧紧后，为了防止松动，应额外施加一个预紧力，松半圈后预紧力将消除。螺丝在拧紧后处于弹性形变中，尤其是在高温和震动载荷的情况下，长期这样持续承受压力会产生塑性应变，其强度会大幅下降甚至失效。退回半圈是让弹性形变恢复一些，同时消除预紧力，以后螺丝在持续压力下，产生塑性变形和失效的概率大幅降低，使螺丝能承受持续高强度的压力，而直接拧两圈半是达不到效果的。

没有规程意识，而是凭自己的"小聪明"进行操作，不可能保证产品质量，只能生产出不符合要求的劣质品。要成为一名合格员工，必须严格执行操作规程，坚持做正确的事、正确地做事和第一次做正确。这也是"零缺陷"管理理论的核心。

零缺陷又称无缺点，是一项重要的质量管理理论。零缺陷理论主张发挥人的主观能动性，努力使自己的产品、业务没有缺点，并向着高质量标准目标奋斗。它要求员工从一开始就本着严肃认真的态度把工作做得准确无误，在生产中从产品的质量、成本与消耗、交货期等方面的要求来合理安排，而不是依靠事后的检验来纠正。强调第一次把事情做对并符合承诺。如果每个人都坚持第一次就把事做对，不让缺陷发生或转至下道工序和其他岗位，就可以减少很多因处理缺陷和失误造成的成本增加，质量和效率也可以大幅度提高，企业和个人的业绩也会显著增长。

>  **链接**
>
> "零缺陷"与"差不多就好"
>
> 与工作标准"零缺陷"相对的是"差不多就好"的观念。有些人认为工作中产生缺陷是不可能避免的,也习惯接受缺陷并任由其不断发生。但事实上,持有工作标准"差不多就好"观念的人,却一直坚持双重标准,一个是生活上追求完美无缺的零缺陷标准,一个是工作上马马虎虎、差不多就行的标准。这些人,会对饭店上菜的片刻延误而喋喋不休,会对汽车的误点而牢骚满腹,对服装的一处线头外露不厌其烦地反复更换,会为工资奖金比同伴低一点点而心情不畅……总之,生活中一些细小的缺陷、错误,他们均不能容忍,而在工作上却可以"差不多就好"。但要明白,你在工作中生产的产品的质量也是要接受别人评判的!

## 第二节　培养自觉自律的法纪素养

**职业纪律要遵守**

小陶毕业后进城务工,2017年9月应聘到一家国有企业工作。2018年3月21日,小陶在值夜班时,看到只有自己一个人在班上,便利用企业的生产监控电脑打起了游戏,最后将电脑损坏,且不能修复,给企业造成了8 000余元的直接经济损失。小陶所在企业经研究后决定,给予其警告处分,并照价赔偿造成的经济损失。当时,小陶的月工资为3 000多元,按有关规定,每月从其工资中扣除500

元，扣完为止。

对小陶的处分，依据的就是企业制定的职业纪律。根据企业的纪律规定，在工作岗位上，不可以利用生产设备打游戏。将设备损坏，不仅影响了生产的正常进行，而且给企业造成了经济损失。小陶受到这样的处罚，应该说是恰当的。青年人，一定要吸取教训，牢固地树立起纪律观念，做一名遵章守纪的员工，为实现自己的人生理想做好准备。如果像小陶这样，不遵守用人单位的职业纪律，不仅造成严重的不良影响，而且要承受相应处分和经济处罚。

# 一、培养法律素养

法律是国家制定并认可的、由国家强制力保证实施的行为规范的总和。我国是社会主义法治国家。任何法人和自然人都必须严格遵守国家的法律、法规，否则就会受到法律的严惩。

### 从几元钱开始的犯罪之路

小汪毕业后到某企业任出纳员。一次，他核对账目总差8元钱，于是他随手拿起一张已经报销过的发票充抵。这样不仅平了账面，还多出了几元零花钱。自此，小汪产生了歹念。这钱来得容易，何不自筹资金出国？于是他采用将旧发票重复报销、直接开支票提取现金等手段在短短一年里就贪污3万多元。可"好景"不长，单位对他经手的账目进行了清查，这时小汪才明白自己走的是一条犯罪的道路。

职业人必须学法、懂法，自觉依法律己，坚决避免违法犯罪行为。选择一种职业后，更要学习与职业活动相关的法律、法规，学会运用法律保护自己和他人的合法权益，自觉防范各种职业犯罪行为，坚决避免误入犯罪歧途。

## 二、培养职业纪律素养

### （一）什么是职业纪律

纪律是人们遵守秩序、执行命令和履行职责的一种约束和规范，带有一定的强制性。职业纪律是员工在从业过程中必须遵守的从业规则和程序，是保证员工执行职务、履行职责、完成自己承担的工作任务的行为规范。

### （二）职业纪律的特征

职业纪律的调整范围是整个劳动过程以及与劳动过程有关的一切方面，包括工作时间，劳动态度，执行生产、安全、技术、卫生等规程的要求以及服从管理、遵守考勤等方面的全部内容。职业纪律具有鲜明的职业性，以职业活动和职业性质为依据，结合用人单位工作具体特点，以员工职业行为为调整对象，对员工产生约束力。员工在长期的职业实践中，为维持和保护自己的安全和健康，出于自身利益的考虑，也要求有一套能保证正常生产劳动的规则和程序，因此，职业纪律又是劳动者自觉自愿遵守的规则。劳动者违反职业纪律要受到制裁、处罚。一般而言，违纪行为要受到用人单位的行政处分或经济惩罚，触犯刑律的会受到刑事处罚。

### (三) 职业纪律的主要内容

职业纪律主要包括以下方面的内容。

时间纪律,包括员工在作息时间、考勤、请假方面的规范;组织纪律,包括员工在服从人事调配、听从指挥、保守秘密、接受监督方面的规范;岗位纪律,包括员工在完成劳动任务、履行岗位职责、遵守操作规程方面的规范;协作纪律,包括员工在工种之间、工序之间、岗位之间的连接和配合方面的规范;安全卫生纪律,包括员工在劳动安全卫生、环境保护方面的规范;品行纪律,包括员工在廉洁奉公、爱护财产、厉行节约、关心集体方面的规范;其他纪律。

每个企业由于所属的行业和具体的经营范围不同,职业纪律的具体要求也不一样,但基本上是上述内容的细化和具体化。一个人进入一个企业从事某一岗位的工作后,首先要做到的是,全面准确地了解职业纪律的内容,用纪律约束、规范自己的言行。

### (四) 培养职业纪律素养的主要途径

职业人要做到知纪、懂纪、遵纪,变"要我守纪"为"我要守纪",坚持自觉自律,用科学的方法约束规范自己的言行,以保证成为一名具有良好职业纪律素养的员工。

**1. 培养管理时间的素养**

(1) 培养守时的品德

职业人在进入企业后,不仅要遵守企业的考勤纪律,而且要做到按时完成自己的工作任务。培养守时的品德,是提高工作效率的前提。在企业的职业纪律中,首要的一项就是要求员工遵守工作时间。因此,职业人要培养守时的品德。

### 小故事

### 守时的康德

德国哲学家康德是个守时的人，他每天下午3点30分准时出来散步。邻居们甚至都把他下午出来散步的时刻，作为校正手表的时刻。

一天，康德想要到一个小镇拜访他的老朋友威廉先生。他写信给威廉，说自己将会在3月5日上午11点之前到达那里。康德3月4日就到了小镇，为了能够在约定的时间到达，他第二天一早就租了一辆马车赶往威廉先生的家。威廉先生住在一个离小镇十几英里远的农场里，而小镇和农场之间隔着一条河。康德需要过桥。可马车来到河边时，车夫停了下来，对康德说："先生，我们过不了河了，桥坏了。"

康德看看从中间断裂的桥，确实不能走了，已经10点多了，他焦急地问："附近还有没有别的桥？"

车夫回答："在上游还有一座桥，离这里有6英里。"

康德问："如果从那座桥过去，多长时间能够到达农场？"

车夫回答："最快也得40分钟。"

这样，康德先生就赶不上约好的时间了。于是，他跑到附近的一座破旧的农舍旁，对主人说："您这间房子肯不肯出售？"

农妇很吃惊地说："我的房子又破又旧，你买它干什么？"

康德说："您不用管我有什么用，您只要告诉我您愿不愿意卖？"

农妇说："当然愿意，200法郎就可以。"

康德先生毫不犹豫地付了钱，对农妇说："如果您能够从房子上拆一些木头，在20分钟内修好这座桥，我就把房子还给你。"

农妇再次感到吃惊，但还是把自己的儿子叫来，及时修好了那座桥。

马车终于平安地过了桥。10点50分的时候，康德准时来到了老朋友威廉的房门前。

一直等候在门口的老朋友看到康德，大笑着说："亲爱的朋友，你还像原来一样准时啊。"

守时就是遵守承诺，按时到达要去的地方，没有例外，没有借口，任何时候都得做到。即便你因为特殊原因不得不失约，也应该提前通知对方，向对方表示歉意。守时代表了你的素质和做人的态度。如果你对别人的时间不尊重，你也不能期望别人会尊重你的时间。守时是纪律中最基本的一种，是每个人必备的良好品德。

（2）培养管理时间的能力

培养管理时间的能力，就要学会科学地管理时间。进行时间管理是为了能够合理分配时间，有效地开展学习和工作。人一生的两个最大的财富是：你的成就和你的时间。成就可以越来越多，但是时间却是越来越少。人的一生可以说是用时间来换取成就。如果一天天过去了，你的时间少了，而成就没有增加，那就是虚度了时光。培养管理时间的能力，主要可从以下两个方面进行努力。

一是养成事前确定目标的习惯。事前确定目标，是指个人或组织规划如何发展，想取得什么成就，首先要明确目标，才能勇往直前，坚持到底，实践使命。人们学习、工作，做任何一件事前，必须认清目标。这样不但可对目前所处的状况了解得更透彻，在追求目标的过程中，也不致误入歧途，白费工夫。人生旅途，岔路很多，一不小心就会走冤枉路。许多人拼命埋头苦干，却不知所为何来，到头来发现追求成功的阶梯搭错了墙，却为时已晚。

有些事情一旦你决定了，就无法再回头，或者事后得花双倍的力气去调整。如果你真的想要节省时间，宁可事前多花点时间，仔细思考，想清楚再动手，即使事后仍需要调整，也不至于太过离谱。

二是遵循要事第一的原则。时间不可以储存,时间不可以增减,但是,时间可以管理。

假如一个人活到80岁,其一生的时间就由下列数字组成。

80×365＝29 200(天)

29 200×24＝700 800(小时)

700 800×60＝42 048 000(分钟)

42 048 000×60＝2 522 880 000(秒)

80岁的一生就由这十位数的秒组成,而现在你已经提取了多少?很多人在买菜的时候,在消费的时候,在经营店铺的时候,把账算得很细,几元几角几分,可人生也是经营,但很多人却不会认真地算一算时间这笔账。

想清楚的事情,就立刻去做。思想只有化为行动,才有可能实现。要对事情进行分类,先做重要且紧急的事情。时间管理的一个很重要的原则,就是要懂得分清楚事情的轻重缓急,先处理紧急的和重要的,然后再去处理其他的事情。很多人在学习和工作中觉得事情太多太杂,好像永远做不完,透不过气来,那是因为没有一个好的时间管理习惯,事情全部混在一起了,从而造成巨大的压力。懂得分轻重缓急,在学习和工作上对于减轻压力有十分重要的作用。

时间管理就是合理安排自己的计划,掌握重点,有效地利用时间。时间管理的本质是一种自我管理。时间管理的方法是通过制订周密的计划来完成工作。人们可以把面临的事情分成四个象限:重要而且紧急,重要但不紧急,不重要但紧急,不重要不紧急。

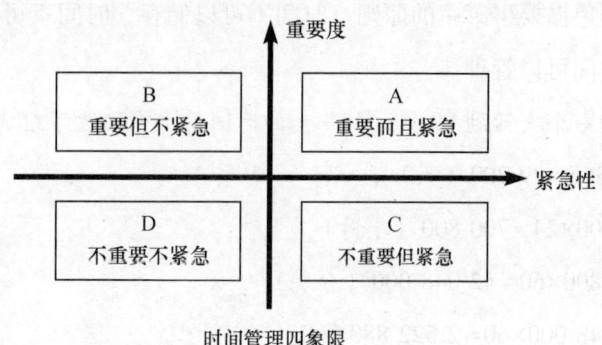

时间管理四象限

在时间的分配上,人们可以遵循"二八定律"。"二八定律"又称巴莱多定律,是19世纪末20世纪初意大利经济学家巴莱多提出的。他认为,在任何一组东西中,最重要的只占其中一小部分,约20%,其余80%尽管是多数,却是次要的。以这条定律分析,在讨论会中,20%的人通常发表80%的谈话;在销售公司里,20%的推销员带回80%的新生意;等等。将"二八定律"应用到时间管理上,就是将每天20%的工作时间用在处理紧急事情上,其他80%的时间用在处理重要的事情上,无意义的事情不做。

2. 培养服从意识

在这个世界上每个人都必须学会服从,不管你身在什么单位,地位有多高,个人的权力都必然会受到限制。具备服从意识是职业人成为一名合格员工的基本要求。纪律的执行是靠每个人的自觉服从来保证的。一个企业像一部复杂而严密的机器,钉是钉,铆是铆,每一个部件都在一个固定的部位发挥作用,以保障整部机器的正常运转。每个员工必须按照纪律规定,履行自己的岗位职责,才能保证整个企业的正常运转。

在企业中工作,不服从组织、不服从制度、不服从领导的人,不会有好的结果。对企业来说，没有服从就没有执行，而没有执行就意味着企业的各种决策、战略不能实施，目标不能实现。现代化的大生产，强调的是整体协作的能力，首要条件就是服从。

> **小故事**
>
> **服 从 上 级**
>
> 服从上级就是服从制度。著名的巴顿将军所在的师需要提拔一位军官。究竟提拔谁呢？巴顿把候选人集合到一起，给他们提出一个需要解决的问题。巴顿说："伙计们，我要在仓库后面挖一条战壕，8英尺长，3英尺宽，6英寸深。"巴顿只告诉他们这么多。之后，他提前进入仓库，通过窗户节孔偷偷观察这些军官。他看到这些人把锹镐放到仓库后面的地面上，休息几分钟后，开始议论：为什么要他们挖这么浅的战壕？有的说6英寸深怎么能当火炮掩体；也有的说，这样的战壕太热或者太冷；还有的抱怨，为什么让他们这些军官干挖战壕这么普通的体力劳动？终于，有个军官对大家说："让我们把战壕挖好，那个老家伙想用战壕干什么都没关系。"巴顿最终提拔了这个人。
>
> 在生活中人们喜欢问为什么，但在组织的实际运转中，由于层级等原因，位于低层级的人，很难全面掌握组织的战略动态。这个时候，组织成员需要"跟着走"。

服从是职业人的一种基本素养。职业人要努力培养自己的服从意识，才能成为一名合格的员工。

## 思考与实践

1. 阅读胡适所写的短文《差不多先生传》，谈谈你的感想。

你知道中国最有名的人是谁？提起此人，人人皆晓，处处闻名。他姓差，名不多，是各省各县各村人氏。你一定见过他，一定听过别人谈起他。差不多先生的名字天天挂在大家的口头，因为他是中国全国人的代表。

差不多先生的相貌和你和我都差不多。他有一双眼睛，但看得不很清楚；有两只耳朵，但听得不很分明；有鼻子和嘴，但他对于气味和口味都不很讲究。他的脑子也不小，但他的记性却不很精明，他的思想也不很细密。

他常常说："凡事只要差不多，就好了。何必太精明呢？"

他小的时候，他妈叫他去买红糖，他买了白糖回来。他妈骂他，他摇摇头说："红糖白糖不是差不多吗？"

他在学堂的时候，先生问他："直隶省的西边是哪一省？"

他说是陕西。先生说："错了。是山西，不是陕西。"他说："陕西同山西，不是差不多吗？"

后来他在一个钱铺里做伙计；他也会写，也会算，只是总不会精细。十字常常写成千字，千字常常写成十字。掌柜的生气了，常常骂他。他只是笑嘻嘻地赔礼道："千字比十字只多一小撇，不是差不多吗？"

有一天，他为了一件要紧的事，要搭火车到上海去。他从从容容地走到火车站，迟了两分钟，火车已开走了。他白瞪着眼，望着远远的火车上的煤烟，摇摇头道："只好明天再走了，今天走同明天走，也还差不多。可是火车公司未免太认真了。八点三十分开，同八点三十二分开，不是差不多吗？"他一面说，一面慢慢地走回家，心里总不明白为什么火车不肯等他两分钟。

有一天，他忽然得了急病，赶快叫家人去请东街的汪医生。那家人急急忙忙地跑去，一时寻不着东街的汪大夫，却把西街牛医王大夫请来了。差不多先生病在床上，知道寻错了人；但病急了，身上痛苦，心里焦急，等不得了，心里想道："好在王大夫同汪大夫也差不多，让他试试看罢。"于是这位牛医王大夫走近床前，用医牛的法子给差不多先生治病。不上一点钟，差不多先生就一命呜呼了。

差不多先生差不多要死的时候，一口气断断续续地说道："活人同死人也差……差……差不多，……凡事只要……差……差……不多……就……好了，……何……何……必……太……太认真呢？"他说完了这句话，方才绝气了。

他死后，大家都很称赞差不多先生样样事情看得破，想得通；大家都说他一生不肯认真，不肯算账，不肯计较，真是一位有德行的人。于是大家给他取个死后的法号，叫他圆通大师。他的名誉越传越远，越久越大。无数无数的人都学他的榜样。于是人人都成了一个差不多先生——然而中国从此就成为一个懒人国了。

**我的感想：**

_____

_____

_____

_____

2. 阅读下面短文，在管理时间上，短文对你有什么启示？

时间管理有个"三八理论"，就是每个人的一天都是24小时，有8小时睡眠，8小时工作，还剩下8小时的业余时间。人与人之间的不同，是在于业余时间怎么度过。时间是最有情也是最无情的东西，每个人拥有的都一样，非常公平。但拥有资源的人不一定成功，善用资源的人才会成功。白天图生存,晚上求发展,业余时间成就一个人。这是21世纪对人才的要求。

**我的思考:**

_____

_____

_____

3. 根据时间管理四象限的原理,计划一下你今天需要做的事情。

**今天的计划:**

_____

_____

_____

4. 职业人在学习和工作的过程中,做任何一件事前,为什么必须要认清目标?

**我的思考:**

_____

_____

_____

# 第4章 培养环保、安全与健康卫生素养

环境质量同每个人的工作、生活息息相关。无论是在生活和工作过程中,都应注重培养环保素养,不断提升环保意识。从业人员只有始终牢记"安全为天",筑牢安全意识,养成良好的健康卫生品质,才能顺利地完成各项工作。

## 第一节 培养绿色节能的环保素养

### 一、绿水青山就是金山银山

地球是人类共同的家园,人类周围的自然环境,包括大气、水、植物、动物、土壤、岩石矿物、太阳辐射等,是人类生存的基础。破坏了自然环境就是破坏了人类的生存环境,所以,我们要深刻理解"绿水青山就是金山银山"的重要含义,在生活和工作过程中,都应注重培养环保素养,不断提升环保意识。

职业素养

 链接

### 世界环境日

20世纪60年代以来,世界范围内的环境污染与生态破坏日益严重,环境问题和环境保护逐渐为国际社会所关注。

1972年6月5日,联合国在瑞典首都斯德哥尔摩举行第一次人类环境会议,通过了著名的《人类环境宣言》及保护全球环境的"行动计划",提出"为了这一代和将来世世代代保护和改善环境"的口号。这是人类历史上第一次在全世界范围内研究保护人类环境的会议。

出席会议的113个国家和地区的1 300名代表建议将大会开幕日(6月5日)定为"世界环境日"。

## 二、培养环保意识的主要途径

### (一) 自觉关注环境质量

 链接

### 伦敦烟雾和洛杉矶光化学烟雾事件

近百年来,全世界已发生多起因环境污染引发的严重危害健康事件,都在历史上留下了浓重的黑色印迹。

1952年12月4日至9日,伦敦城被黑暗的迷雾所笼罩,直至12月10日,强劲的西风才吹散了烟雾。当时,伦敦空气中的污染物浓度持续上升,许多人出现胸闷、窒息等不适症状,发病率和死亡率急剧增加。在大雾持续的5天时间里,据英国官方的统计,丧生者达5 000多人,在大雾过去之后的两个月内有8 000多人相继死亡。此次事件被称为"伦敦烟雾事件",成为20世纪十大环境公害事件之一。

光化学烟雾是大量聚集的汽车尾气中的碳氢化合物在阳光作用下,与空气中其他成分发生化学作用而产生的有毒气体。这种烟雾中含有臭氧、氧化氮、乙醛和其他

> 氧化剂。美国洛杉矶光化学烟雾事件是世界有名的公害事件之一。在1952年12月的一次光化学烟雾事件中，洛杉矶市65岁以上的老人死亡400多人。1955年9月，由于大气污染和高温，短短两天之内，65岁以上的老人又死亡400余人，许多人出现眼睛痛、头痛、呼吸困难等症状甚至死亡。

环境与健康的关系日益密切。环境污染已经成为影响我国公众健康的危险因素之一。因此，在工作和生活中，每个人都应当关注环境质量、自然生态和能源资源状况，了解政府和企业发布的生态环境信息，学习生态环境科学、法律法规和政策、环境健康风险防范等方面的知识，树立良好的生态价值观，提升自身生态环境保护意识和生态文明素养。

### （二）节约能源践行绿色低碳出行

节约能源能做的有很多，比如合理设定空调温度，夏季不低于26℃、冬季不高于20℃，及时关闭电器电源，多走楼梯少乘电梯，人走关灯、一水多用，节约用纸，按需点餐不浪费。优先选择绿色产品，尽量购买耐用品，少购买使用一次性用品和过度包装商品，外出自带购物袋、水杯等，闲置物品改造利用或捐赠。优先步行、骑行或乘坐公共交通工具出行，多使用共享交通工具，家庭用车优先选择新能源汽车或节能型汽车。

### （三）分类投放垃圾减少污染

学习并掌握垃圾分类和回收利用知识，按标志单独投放有害垃圾，分类投放其他生活垃圾，不乱扔、乱放。不焚烧垃圾、秸秆，少烧散煤，少燃放烟花爆竹，抵制露天烧烤，减少油烟排放，少用化学洗涤剂，少用化肥农药，避免噪声扰民。爱护山水林田湖草生态系统，积极参加义务植树，保护野生动植物，不破坏野生动植物栖息地，不随意进入自然保护区，不购买、不使用珍稀野生动植物制品，拒食珍稀野生动植物。

### （四）严格执行清洁生产标准

清洁生产是指不断采取改进设计，使用清洁的能源和原料，采用先进的工艺技术与设备，改善管理，综合利用等措施，从源头消减污染，提高资源利用效率，减少或者避免生产服务和产品使用过程中污染物的产生和排放，以减轻或者消除生产过程对人类健康和环境的危害。

## 第二节　培养防患未然的安全素养

### 一、安全是幸福的前提

人生最大的幸福是什么？不同的人有不同的答案。但是，离开了安全，一切都是过眼烟云。安全对每个人都是第一重要的。有了安全才会拥有一切。试想，一个人的生命都没有了，何谈家庭幸福，何谈孝敬老人，更何谈忠诚事业、报效国家。即使你拥有亿万财富，腰缠万贯，又有什么用？

安全是天大的事，要牢固树立"安全在我心中"的思想，努力学习各项安全技能。请牢记：健康是人生最大的财富，安全是人生最大的幸福。

## 二、培养安全素养的主要途径

职业人在进入企业后，必须坚持"不伤害他人，不伤害自己，不被别人伤害，保护他人不受伤害"的"四不伤害原则"，不断地培养安全素养，确保自身和他人的安全。

### （一）牢固树立隐患等于事故的安全意识

事故隐患，是指生产经营单位违反安全生产法律、法规、规章、标准、规程和安全生产管理制度的规定，或者因其他因素在生产经营活动中存在可能导致事故发生的物的危险状态、人的不安全行为和管理上的缺陷。事故隐患分为一般事故隐患和重大事故隐患。一般事故隐患，是指危害和整改难度较小，发现后能够立即整改排除的隐患。重大事故隐患，是指危害和整改难度较大，应当全部或者局部停产停业，并经过一定时间的整改治理方能排除的隐患，或者因外部因素影响致使生产经营单位自身难以排除的隐患。

链接

#### 海因里希事故法则

海因里希事故法则，是美国著名安全工程师海因里希提出的 300∶29∶1 法则。这个法则的意思是，当一个企业有 300 个隐患或违章，必然要发生 29 起工伤事故或故障，在这 29 起工伤事故或故障当中，必然会有一起重伤、死亡或重大事故。

在安全生产中，有些小的隐患和违章在一次或数十次过程中也许不会导致事故，但是持续地存在隐患和违章，事故终究会发生。

## 职业素养

侥幸和麻痹的思想是很多血淋淋的事故的根源。"不怕一万，就怕万一"。很多起事故都是从量变积累到质变的爆发，是从"一万"到"万一"的演变。所以，人们必须做到清醒之弦紧绷，警钟长鸣耳际，才能做到万无一失。

**链接**

### 墨菲定律

墨菲是美国爱德华兹空军基地的上尉工程师。1949年，在一次火箭减速超重试验中，因仪器失灵发生了事故。墨菲发现，事故原因是测量仪表被一个技术人员装反了。由此，他得出的教训是，如果做某项工作有多种方法，而其中有一种方法将导致事故，那么，一定有人会按这种方法去做。换种说法，假定你把一片干面包掉在地毯上，这片面包的两面均可能着地。但假定你把一片一面涂有果酱的面包掉在地毯上，常常是带有果酱的一面落在地毯上。用简洁的方式表述就是，凡事可能出岔子，就一定会出岔子。这一结论被称为墨菲定律。

墨菲定律道出了一个铁的事实，技术风险能够由可能性变为突发性的事实。事情往往会向你所想到的不好的方向发展，只要有这个可能性。如果坏事有可能发生，不管这种可能性有多小，它总会发生，并造成最大程度的破坏。

墨菲定律揭示的道理是，对待安全绝不可存在侥幸心理，必须消除一切隐患，确保100%安全。评价一个事物，人们一般有优、良、中、合格、不合格等几个标准。可是评价安全，只有100%才算安全。也就是说，安全只有100分。

链接

### 蝴 蝶 效 应

蝴蝶效应说的是，一只南美洲亚马逊河边热带雨林中的蝴蝶，偶尔扇几下翅膀，就有可能在两周后引起美国得克萨斯的一场龙卷风。原因在于，蝴蝶翅膀的运动，使其身边的空气系统发生变化，并引起微弱气流的产生，而微弱气流的产生又会引起它四周空气或其他系统产生相应变化，由此引起连锁反应，最终导致其他系统的极大变化。蝴蝶效应听起来有点荒诞，但说明了事物发展的结果对初始条件具有极为敏感的依赖性。初始条件的极小偏差，将会引起结果的极大差异。

蝴蝶效应告诉我们：如果对一个微小的纰漏不以为然或听任发展，往往会像多米诺骨牌那样引起崩溃。一个雪球可能引发一场雪崩，一根火柴可以点燃整个森林。因此，人们必须牢固树立起预防为主的意识，消除一切安全隐患，才能保证安全地工作和生活。

## （二）培养良好的职业安全意识

职业人不论从事何种职业，都要保证安全不能受到影响或危害，坚决避免伤亡或职业病发生。这就要求职业人从现在开始自觉地培养职业健康安全意识。

### 1. 掌握职业人享有的安全保障权利

每一位职业人应当清楚自己享有的安全保障权利。根据《劳动法》和有关法律法规的规定，职业人享有健康安全保障的权利，具体包括：获得安全保障、工伤保险的权利；得知危险因素、防范措施和事故应急措施的权利；对本单位安全生产存在的问题有批评、检举、控告的权利；拒绝违章指挥操作和强令冒险作业的权利；遇到危及人身安全的紧急情况，采取应急措施后，有停止作业和紧急撤离的权利；受到伤害后，有依法索偿权。

## 2. 掌握职业人必须履行的安全义务

职业人为保证自身的安全，必须履行应尽的义务。这是每一位职业人必备的职业素养。具体内容包括：遵纪守规、服从管理的义务；正确佩戴和使用防护用品的义务；接受安全培训，掌握安全生产技能的义务；发现事故隐患或者其他不安全因素及时报告的义务。

职业人刚进入工作岗位时，必须接受安全教育培训，内容包括安全技术知识、设备性能和操作规程、安全制度和严禁事项，并经考试合格后，方可进入操作岗位。要坚决做到如下要求：严格执行安全操作规程，坚决杜绝不安全的行为；严禁酒后上岗；不得在禁烟火区吸烟动火；不得违章指挥和违章作业；对各种防护装置、防护设施和警告、安全标志等不得任意拆除和随意挪动；正确佩戴安全防护用品；对查出的隐患能立即整改的，及时进行整改，在隐患没有消除前，必须采取可靠的防护措施，如有危及人身安全的紧急险情，应立即停止作业。

职业人在从事工作的过程中，要坚决禁止以下两种行为。

要禁止在疲劳状态下进行生产操作。在疲劳状态下人的听觉和视觉敏锐度降低，注意力不稳定，注意力的范围变小，注意力的协调控制能力降低；疲劳之后会发生反常反应，如对较强的刺激出现较弱的反应，对较弱的刺激出现较强的反应；疲劳后人的思维和判断的错误增多，对潜在的危险因素和处置的方法考虑不周。因此，当人处于疲劳状态时，就容易发生事故。

要禁止饮酒后进行生产操作。实验表明，血液中的酒精浓度达到 0.03% 时，人的能力开始下降；达到 0.08% 时，错误动作比常人增加 1.6%；达到 0.09% 时，判断力比常人下降 25%；超过 0.1% 时，大祸很快就要临头了。

# 第三节　培养良好乐观的健康卫生素养

## 一、全面理解健康

### （一）什么是健康

健康是一个随着时代的变迁，在社会和文化因素影响下不断演变的概念。通常把健康定义为，一个人在身体上、精神上和社会适应方面的一种最优状态，在身体、智力以及情感上处于最佳和谐状态。按照联合国世界卫生组织（WHO）宪章中所提出的标准，人的健康应包括以下 10 个方面的内容。

★ 精力充沛，能从容不迫地应对日常生活、学习和工作任务压力。

★ 处事乐观，态度积极，乐于承担责任，有自我控制能力，用理智控制情感。

★ 善于休息，睡眠良好。

★ 正确对待外界的影响，应变力强，能适应各种环境的变化。

★ 能够抵抗一般性感冒和传染病。

★ 体重适当，身材匀称，站立时头、肩、臂位置协调。

★ 眼睛明亮，反应敏锐，眼睑不发炎。

★ 牙齿清洁，无缺损，无痛感，牙龈颜色正常，无出血现象。

★ 头发有光泽，无头皮屑。

★ 肌肉、皮肤有弹性，走路轻松。

（二）亚健康的危害

1. 什么是亚健康

一个人如果长期处于情绪低落、抑郁悲观或是整日处于提心吊胆、恐惧不安的心境下，就会出现亚健康的症状。世界卫生组织把亚健康当作21世纪人类健康的头号杀手。亚健康就是机体无器质性病变，但有一些功能改变的状态。亚健康是介于健康和疾病之间的一种生理功能低下、心理适应能力低下的状态。亚健康的表现是多种多样的。例如，容易疲劳、腰酸背痛、睡眠欠佳、食欲不振；心理脆弱，遇到一点事情就想哭，多愁善感；遇到一点事情就心烦急躁，焦虑紧张。有这些症状，到医院检查，诊断不出什么病，可是又没有达到健康的标准，所以叫亚健康。

 **链接**

**不断蔓延的亚健康**

随着生活节奏的加快和社会竞争的加剧，人们工作、学习和生活等各方面的压力越来越大，"亚健康"状态不断蔓延。据有关权威资料统计，我国儿童及青少年行为问题的检出率为12.97%。对16个省（市）百万人口以上城市的调查发现，北京、上海和广东亚健康的人数比例最大。北京人处于亚健康状态的比例是75.3%，上海是73.49%，广东是73.41%，且呈逐年上升、年轻化等发展特征。在我国，亚健康的正态分布率为56.18%。其中，20~40岁的青壮年占主体。一项对5万名城市劳动力人口亚健康状况的调查表明，年龄与亚健康状态呈U型曲线的关系，35~40岁年龄段的人身心健康水平最高，但18~25岁青年的亚健康比例最高，超过52%。

## 2. 亚健康引发多种疾病

具体讲，亚健康状态会导致下面的疾病。

★ 高血压、高血脂、动脉硬化、冠心病。当一个人长期处于焦虑的、紧张的状态时，他患高血压、高血脂、动脉硬化、冠心病的概率就会特别高。而那些性格开朗、活泼大方、心情愉快、对朋友和同行的进步由衷高兴的人，很少会得这类疾病。

★ 消化道溃疡、溃疡性结肠炎、过敏性结肠炎等消化系统的疾病。这类疾病的发生和心理因素关系特别密切。有的人一着急生气就拉肚子、神经性呕吐、厌食、习惯性便秘，等等。

★ 支气管哮喘、荨麻疹。有的人情绪紧张焦虑，哮喘就发作，过敏就发生；心情愉快放松，这些疾病就会好转。

★ 神经性皮炎、斑秃、牛皮癣、湿疹和白癜风等病。这些都是皮肤病，很多皮肤病的加重与心理因素都有密切关系。

## 二、培养健康卫生素养的主要途径

### （一）养成健康体魄

### 1. 坚持体育锻炼

体育锻炼是提高身体素质的重要途径，职业人要结合自身的体质和兴趣爱好，积极主动地进行体育锻炼。

>  **链接**
>
> **缺乏体育锻炼的后果**
>
> 国内体育科学研究发现，体育锻炼可以提高人体的运动机能，提高人体的心脏、循环系统机能。国外科学家还做过一项试验，让身体健康的青年连续躺在床上9天，发现他们的心脏循环系统和呼吸系统以及新陈代谢的工作能力平均下降21%，心脏容积缩小10%。
>
> 一些青年由于缺乏体育锻炼，导致原本多在老年群体发生的疾病如心肌梗死、颈椎病等，现在发病年龄提前，青年成为这些"老年病"的患者。目前，20~35岁的糖尿病患者在逐年增加。乳腺癌、大肠癌在年轻人中的发病率明显提高。有些青年的器官应变能力下降，造成肌肉僵硬、萎缩，腰酸背痛现象逐渐增多。据国家骨科疾病防治权威机构的调查统计，80%以上的青少年颈椎处于亚健康状态，30~40岁的人群中59.1%患有颈椎、腰椎病。临床统计发现，呼吸道感染、哮喘、慢性支气管炎、慢性咳嗽、慢性咽炎和过敏性鼻炎等病症，呈现出在青壮年群体中扩大的趋势，目前就诊的病人中有1/3是青壮年。

## 2. 养成健康卫生习惯

培养健康体质就要求养成良好的健康卫生习惯，自觉地约束自己的生活行为，做到合理膳食、不吸烟、不酗酒，坚决远离毒品和其他危害健康的行为。

> **小故事**
>
> **小钟干成大事**
>
> 一只新组装好的小钟放在了两只旧钟之间。两只旧钟"滴答""滴答"一分一秒地走着。其中一只旧钟对新来的小钟说："来吧，你也该工作了。可是我有点担心你，你一年要走完3 153.6万次，恐怕会受不了。"

## 第4章 培养环保、安全与健康卫生素养

> "天哪！3 153.6万次。"小钟吃惊不已，"要我做这么大的事？办不到，办不到。"
>
> 另一只旧钟说："别听它胡说八道。不用害怕，你只要每秒摆一下就行了。"
>
> "天下哪有这样简单的事情。"小钟将信将疑，"不过如果真是这样，那我就试试吧。"
>
> 小钟很轻松地每秒钟摆一下。不知不觉中，一年过去了，它摆了3 153.6万次。

良好健康卫生习惯的养成应从小事入手，从简单的事情做起。成功其实也不是一件难事，只要努力做好每一件小事就可以了。一个人的生活习惯会影响他的一生，会时时处处起作用，良好的生活习惯会使人终身受益。播下一个行动，收获一种习惯；播下一种习惯，收获一种性格；播下一种性格，收获一种命运。心理学家研究发现，一种行为重复21天就会变为习惯动作，而90天的重复会形成稳定的习惯。这说明一个习惯的形成，必须持续一段时间。因为习惯的养成非一日之功，坚持的时间越长，习惯越稳定。因此，养成良好生活习惯贵在坚持，必须持之以恒。

 链接

### 吸烟"年轻化"

世界卫生组织和联合国儿童基金会共同组织的一项调查显示，我国有20%以上的初中生尝试过吸烟，其中有相当比例的人已表现出今后吸烟的倾向。2002年的一项研究显示，我国烟民开始吸烟的平均年龄提前到了14岁，比1997年公布的调查结果提前了5岁。2006年，《中国青年报》与中央电视台合作的调查显示，青少年正成为受到香烟毒害的高危人群。调查发现，34.3%的人在15~18岁时抽了第一口烟，39.3%的人在19~25岁间开始抽烟，二者相加，即超过七成的人是从青少年时期开始吸烟的。

吸烟会诱发疾病。据研究，吸烟者肺癌患病率比不吸烟者高10倍左右，而青少年吸烟者的患病率比成年人更高。

### （二）培养健康心理素质

#### 1. 培养主动适应环境的心理品质

人体的生理和心理机能是一个自我调节的有机系统。培养健康心理素质，就要求一个人正确地进行自我调节，主动适应环境。每个人无论是在家庭、学校还是在企业等不同的环境中，都应采取积极进取的态度，在保持自己个性的同时努力去适应环境。这就要求人们要正确评估和对待自己，要正视现实，努力适应环境。

> **小故事**
>
> **狐狸与葡萄**
>
> 盛夏酷暑，一群口干舌燥的狐狸来到一个葡萄架下。一串串晶莹剔透的葡萄挂满枝头，狐狸们馋得直流口水，但葡萄架很高。
>
> 第1只狐狸跳了几下摘不到，从附近找来一个梯子，爬上去满载而归。
>
> 第2只狐狸跳了多次仍吃不到，找遍四周，没有任何工具可以利用，想一想，说："我可以到别的地方找一片西瓜地，西瓜比葡萄更甜！"于是，离开了葡萄架。
>
> 第3只狐狸高喊着"下定决心，不怕万难，吃不到葡萄死不瞑目"的口号，一次又一次跳个没完，最终累死在葡萄架下。
>
> 第4只狐狸因为吃不到葡萄整天闷闷不乐，抑郁成疾，不治而亡。
>
> 第5只狐狸想："连个葡萄都吃不到，活着还有什么意义呀！"于是找个树藤上吊了。
>
> 第6只狐狸吃不到葡萄便破口大骂，被路人一棒子了却了性命。
>
> 第7只狐狸抱着"我得不到的东西决不让别人得到"的阴暗心理，一把火把葡萄园烧了，遭到其他狐狸的共同围剿。
>
> 第8只狐狸想从第一只狐狸那里偷、骗、抢些葡萄，也受到了严厉惩罚。
>
> 第9只狐狸因为吃不到葡萄气极发疯，蓬头垢面，口中念念有词："吃葡萄不吐葡萄皮……"

上面的故事说明，一个人身处逆境时，不要埋怨生不逢时，不要归咎于机遇不好，而应当正视现实，面对现实，先承认它，接受它，然后再想方设法去改变它，或及时调整目标。

> **小故事**
>
> **聪明的驴**
>
> 一天，农夫的驴不小心掉进了一口枯井。农夫没办法将驴救出，只得找了几个人帮忙铲土把驴埋掉。一开始，驴悲哀地叫着，但很快就没有了声音。农夫过去一看，让他大吃一惊的是，每一铲土下去，驴都迅速地把它抖掉，并且都垫到了脚下。很快，驴便跑出了枯井。对于身陷枯井的驴来说，如果它只是悲哀地等待，那么，每一铲土都是埋没它的致命物。但是，聪明的驴却及时地抖掉了每一铲土，甚至成功地利用了它们！

这个故事说明，一些困难和挫折可能让人致命，也可能成为成功的垫脚石！困难和挫折既可以是生活的灭火剂，致使希望在它面前慢慢地幻灭，又可以是生活的助燃剂，推动人们更坚定不移地向目标冲去。面对困难和挫折，关键在于如何去适应并利用其成为实现目标的条件。

2. 培养积极乐观的心态

心态是主体受到外界环境刺激所产生的态度体验。心态乐观的人，通常能够体验较多的积极情绪，拥有平和愉悦的心理状态，对周围的人、事、物和环境保持较满意的心态，能够从积极乐观的角度判断和处理问题。即使遭遇悲痛的事情，引起情绪波动，也能够较快地恢复到正常的情绪。

能否适时控制和调节情绪对心态是否乐观影响很大。心态是否乐观，对一个人的健康影响很大。持悲观心态的人，情绪容易波动，患得患失，喜怒无常，会影响神经系统的正常活动，从而引起植物神经系统功能的失调。据某医院门诊部统计，在所有求医的病人中，因情绪紧张而致病者占76%。因此，有医学家指出："一切对人不利的影响中，最能使人短命和夭亡的是不良的情绪和恶劣的心境。"

培养和锻炼积极乐观的心态，就要保持稳定的情绪，必须随时检查自己的情绪状态，及时控制和调整自己的不良情绪，以理性克服感情上的冲动，学会把负面情绪转移出去。要善于使自己改变对某件事情的态度，要善于从积极的角度来观察和思考问题，要善于用适当的方式把心中的抑郁情绪排解出去，达到心理平衡。只有学会有效地控制自己的情绪、管理自己的情绪、优化自己的情绪，才能够成为心态积极乐观的人。

一个人只有培养积极乐观的心态，才能乐观地生活，才能心胸开阔，才能始终保持愉快的生活体验。当遇到挫折和失败时，就会从好的方面去想，就会从不同的角度思考问题，就会明白凡事有得就有失，烦恼就会自然消失。

### 小故事

#### 老太太的心态

从前，有一个爱哭的老太太。她为什么爱哭呢？原因是，她有两个女儿，一个卖伞，一个卖鞋。下雨时，她为卖鞋的女儿哭；出太阳时，又为卖伞的女儿哭，担心伞和鞋卖不出去。有人劝她换一个角度去思考：出太阳时，为卖鞋的女儿高兴；下雨时，为卖伞的女儿高兴。老太太一想，是这个理。从此以后，成了爱笑的老太太。这就是心态。

职业人培养积极乐观的心态,要从以下三个方面有意识地锻炼自己。

(1)要学会用正确的思维方式思考和处理问题。职业人在思考和处理问题时,要努力做到:多一点理性,少一点感性;多一点睿智,少一点迷茫;多一点冷静,少一点冲动;多一点淡然,少一点痴迷;多一点大度,少一点偏执。只有学会用正确的方式思考和处理问题,才不会因为一点小事而悲观失望、怨天尤人、丧失理智。

(2)要培养宽广的胸怀。人生会有许多不尽如人意的事情发生。职业人要培养以宽广的胸怀,客观地评价自己与他人,自觉矫正偏执的心态,善于从心理上实现自我平衡。

(3)要培养强烈的社会责任感。每一个人都离不开社会,离不开集体,离不开他人,同时,每个人也必须承担起对他人、对社会应尽的责任。一个人只有具备强烈的社会责任感,才能体会到自身的价值,才能体会到社会的温暖,才能养成积极乐观的心态。因此,职业人应该以集体利益、国家利益为重,树立正确的人生价值观,培养正确的责任意识。

### 思考与实践

1. 阅读下面短文,谈谈你的想法。

据媒体报道,环境污染已经成为影响我国公众健康的危险因素之一。我国人均期望寿命已由1949年前的35岁升至2010年的74.83岁,达到中等发达国家水平。值得注意的是,一些环境污染引起的相关疾病的死亡率或患病率持续上升。根据三次全国死因调查,过去30年我国人群恶性肿瘤死亡率由75.6/10万上升至91.24/10万，与生态环境、生活方式有关的肺癌、肝癌、结直肠癌的死亡率构成呈明显上升趋势，城市居民肺癌死亡率高于农村居民，胃癌和肝癌死亡率低于农村居民。

上述疾病死亡率上升的主要原因，虽然目前并无明确结论，但科学研究认为，环境污染加剧或其相对严重性上升所带来的健康风险不容忽视。据环保部门统计，截至2012年，我国有1亿多居民住宅周边1公里（千米）范围内有石化、炼焦、火力发电等重点排污企业，有1.4亿居民住宅周边50米范围内有交通干道，有5亿多居民在室内直接使用固体燃料做饭或取暖。

目前能够观察到的环境污染健康损害事件只是冰山一角，更多的损害可能尚未发现。因为环境污染对健康的影响有滞后效应，我们现在的环境问题其实就是20年来环境污染累积的结果。

**我的思考：**

_____

_____

_____

_____

_____

2. "祸患常积于忽微"，存在隐患就等于存在事故，我们不仅要牢固树立"隐患就是事故"的理念，而且要掌握排查隐患的方法。有人能在下面这张图中查找出100多个隐患，试试看你能查找出几个？

**我查找的结果：**
_____
_____
_____
_____

3. 对照本章所介绍的健康标准，分析一下，你是否存在不健康的方面，应加强哪些锻炼使自己健康地生活、工作？

**我的思考：**
_____
_____
_____
_____
_____

4. 思考一下，海因里希事故法则和墨菲定律阐述的道理是什么？

**我的思考：**

_____

_____

_____

_____

_____

5. 为什么要坚决避免疲劳状态下和酒后进行生产操作？

**我的思考：**

_____

_____

_____

_____

_____

_____

# 第5章 培养职业技能素养

要想顺利地成为一名优秀的职业人,实现自己的人生梦想,必须具备内在和外在综合职业素养。那么,如何体现自己的外在职业素养呢?这就要求我们掌握娴熟的职业技能,牢固树立终身进行职业技能培训的观念,采取科学有效的方法培养锻炼自己的职业技能,把自己锻炼成为一名优秀的职业人。

## 第一节 职业技能是立业之本

### 一、什么是职业技能

社会经济的发展离不开技能型人才。因为再先进的精密设备如果没有掌握熟练技术的技术工人操作,也难以发挥出最大效能,同时其使用寿命也会大大缩短。而一些质量要求极高的产品,由于制作的技术不过硬,常常会被制作成粗制滥造的残次品,使企业在经济和声誉等许多方面都蒙受严重损失。因为理念再完美,设计再先进,没有高素质的技能人才去实现,也只能停留在图纸上。我们国家要在激烈的国际竞争中具有更强的优势,实现由"中国制造"向"中国创造"转变的战略目标,急需大量掌握精湛技艺和高超技能的技能型人才。技能型人才是指在生产和服务等领域的一线岗位,掌握专门知识和技术,具备一定的操作技能,并在工作实践中能够运用自己的知识、技术和操作技能进行实际操作的人员。

 案 例

### 小段的信心

高中毕业的小段未能考入向往的高校,他决定就业。一天,他来到当他某劳动力就业市场寻找就业机会。虽然没能找到合适的工作,但在招聘现场小段发现了一种现象,很多大学毕业生为了能应聘到一份工作,即使不计较待遇也难以如愿以偿;而有些人虽然学历不高,却因为拥有一定的职业技能受到很多单位的青睐。这些技能型人才不仅会对自己的薪酬提出要求,而且还详细询问吃、住条件和其他福利待遇等。当看到有的招聘单位为招聘到钳工、焊工、等紧缺技能人才而给出较优厚的条件时,小段更是羡慕不已。

从招聘现场回来后,小段决心先学习一门实用技术,掌握技能,再找工作。于是,小段到当地一家职业技能培训机构,报名参加了电工技能培训,并取得了相应的培训合格证书,随后找到了一份自己满意的工作。

这个案例说明,职业技能是立业之本。

职业技能是指职业人在岗位活动范围内需要掌握的技能。

## 第5章 培养职业技能素养

### 本科生"回炉再造"

目前,高校本科毕业生到各级各类职业培训机构参加技能培训已成为一种趋势。这是因为,毕业生期望提高实际动手能力,重新获得理想的工作机会。某工业大学机电专业毕业生小李在一家工程机械类企业做了半年技术员后,辞掉月薪5 000多元的工作,来到当地一家职业技能培训机构学习职业技能。"本科都毕业了,又来参加培训,越学越回去了呀?"面对非议,小李表示:"本科生'回炉'学技能是一种互补,既有技能又有丰富的理论知识,哪个大企业不抢着要?现在用人单位越来越重视应聘者的专业技能,我的学习目的非常明确,就是接受实践技能培训,增加就业砝码。虽然具备一定的专业知识,但动手能力还是不行,这在工作中是很被动的。所以,我辞职到职业技能培训机构学一些基本的操作技能,然后再去工作,这样进步也许会快一些。"

某机械学院数控专业毕业生小吴,在学校的组织下,参加了某职业技能培训机构开展的专业技能培训,学习了电焊、铸造、建模等基本的操作技能。培训合格后,小吴投出第一份简历就被一家著名的外资公司录取了,月薪6 000多元。"我投简历时,面试官问我,'你学数控,具体操作过吗?'我说,'操作过,而且还会编程'。人家马上就要了。"在小吴看来,"回炉再造"为自己提供了一条新的路径,扩大了自己的择业空间。

在劳动力就业市场,人们经常会看到,虽然有高学历但没有相应技能的人在急于找工作；而拥有一技之长的能工巧匠，虽然没有高学历，却有多家企业在争抢着要他们。

>  **链接**
>
> **技能劳动者的求人倍率**
>
> 据统计，截至2018年5月，全国技术工人1.65亿，占就业人数的比重约为20%，其中高技能人才数量只占就业人数的约6%。劳动力就业市场始终存在技能人才短缺的结构性矛盾，技能劳动者的求人倍率一直在1.5∶1以上，招工难的现象屡见不鲜。
>
> 求人倍率是在一个统计周期内劳动力市场中有效需求人数与有效求职人数之比，它表明当期劳动力市场中每个岗位需求所对应的求职人数。求人倍率越高，说明需求人数越多，而求职者却供不应求。

## 二、职业技能的特点

职业技能一定要在具体工作实践中或模拟条件下的实际操作中进行训练和培养。

职业技能一旦掌握一般不易忘记。当然，职业技能水平需要在有意识的实践和培训中，通过反复训练，巩固和提高。

各种职业所要求的职业技能有差别，但其本身没有高低贵贱之分。我们不能说肢体技能一定比言语技能低级，或者说某种职业的技能一定比另一种职业的技能高级。决定某一职业技能水平高低的因素主要有三个方面：一是该项技能中所包含的智能成分的比例大小，二是该项技能所使用工具或手段的复杂程度、技术含量和复合性成分，三是掌握该项技能的难易程度。一般来说，某种职业技能水平越高，其工作职责和服务范围越大，其控制的系统和工具越复杂,对劳动者的智力和工作经验的要求越高,同时,也需要经过更加严格的培训和长期的实践训练。

## 第二节 培养职业技能的主要途径

### 一、努力学习职业基础知识

职业基础知识是形成职业技能的前提条件。只有掌握了必备的职业基础知识,才能具备职业技能理论基础,才能正确进行操作训练。在新知识、新技能不断更新的时代,职业人必须不断地学习。

**重树学习信心**

小童是个留守儿童,从他记事起,父母就常年外出打工。他的童年就是在几个亲戚家辗转度过的。这样的成长历程,让这个男孩变得脆弱敏感。初中毕业时,他甚至严重厌学,放弃了中考。小童说:"我本来的梦想是上大学、做精英。在放弃中考后那段灰暗的日子里,我如同浮萍找不到方向。"带着迷茫,小童来到当地一家职业技能培训机构学习汽车维修技能。在良好的学习环境中,在老师和同学的热情关心下,小童逐渐重新树立起学习的信心,全神贯注,把精力投入到学习和训练之中,主动找老师和同学们补习专业知识和实操技能,技能水平不断提升。毕业时,小童很顺利地找到了自己最向往的汽车维修工作。

## 二、虚心向师傅学习

要掌握职业技能，就要掌握各技能点的操作要领。学习操作要领，要充分发挥视觉和动觉的作用，在听懂讲解、看清示范的基础上，认真模仿练习。在模仿中不断纠正错误操作，逐步掌握操作要领。技能人才的成长与实际岗位的生产实践训练是并行的，离开了岗位生产实践的技能是不可能存在的，技能从岗位生产实践中来，就要从岗位生产实践中习得，而且必须亲身进行操作，在反复的训练过程中，运用和验证习得的理论知识，在揣摩和摸索中逐渐积累经验，掌握技巧，也就是掌握那些只能意会难以言传的默会知识。

 链接

**默 会 知 识**

默会知识就是难以用语言、文字、符号、图表和公式等显性形式清晰表达与传递的，主要以经验、直觉、感悟和诀窍等内隐形式存在的知识，这种知识一般要通过长期的实践方可逐步习得，并且在一定的情景下才能得以显现。

初入职场的职业人要获取以默会知识为主体的职业技能，主要途径是通过对具体实践行为的观察、模仿和体验来掌握，而并非语言的传递。也就是说，职业技能只能通过身体化活动的参与，才能被个人默会并掌握。

师徒关系是传递默会知识最有效的形式。跟师学徒的过程就是一个分享经验、形成共有的思维模式和技术能力的过程。

**链接**

### 企业新型学徒制

学徒制是一种古老的职业技能训练方法,是指在职业活动中,通过师傅的"传帮带",使学徒获得职业技能。在刚进入工作岗位时,企业一般会指派一名技能水平高的老员工作为新员工的师傅。目前,许多企业以"招工即招生、入企即入校、企校双师联合培养"的企业新型学徒制模式对技能人才进行培训,大大提高了员工的技能水平。这些制度和措施为刚入职场和转岗的人员提供了培养训练技能的有利条件。

作为学徒的职业人在工作现场通过观察、体悟、模仿、实践,虚心地向师傅学习,能够不断获得职业技能并培养职业素养。总之,虚心向师傅学习是技能人才成长的重要途径。

## 三、牢固树立终身职业技能培训观念

目前,国家已明确提出,建立并推行覆盖城乡全体劳动者、贯穿劳动者学习工作终身、适应就业创业和人才成长需要以及经济社会发展需求的终身职业技能培训制度。实施终身职业技能培训制度,对于每位有志于成为优秀技能人才的职业人来讲,就是要树立起终身进行职业培训的观念。这是因为,在新技术、新设备不断运用于生产实践的过程中,每一位技能劳动者只有不断学习,才能掌握新的生产工艺和技能。

 **案例**

### 只有刻苦培训学习,才能世界领先

李刚是某大型企业管加工部电点作业区作业长。从业 20 多年来,他在平凡的工作岗位上不断学习,带领同事完成一百余项行业领先的技改创新项目,打破了多项国外技术垄断,总结出故障处理方法千余条。李刚从一名普通的维修工成长为管加工电气设备领域首屈一指的专家,成长为我国新时期知识型产业工人的代表。

李刚能够成为令国内外专家叹服的行家里手,离不开刻苦而持久的学习历程。他说:"1990年我进入管加工部,这里的装备都是从德、意、美等国引进的,结构复杂、自动化程度高。我学历不高,要想维修好这些世界一流设备,除了刻苦学习、勤奋钻研,没有别的捷径可走。"

"当时,随设备一起来的还有一批外国专家。班上,我一步不落地跟着他们,看他们怎样调试,怎样编程,记下每一个细节,下班之后再进行整理归纳。"凭着对技术的痴迷和一股韧劲儿,一年下来,李刚记了十几本、近二十万字的学习笔记和操作心得。

当时主要设备的说明书和操作界面都是英文的,设备操作也离不开计算机。"为了掌握英语和计算机,我没日没夜地学,那段时间经常一宿一宿熬得两眼通红,总算攻下了这两道关。"

如今,几十个类型的设备、每条生产线,李刚都烂熟于心。他先后整理的电气设备控制资料达3万余字,故障处理方法千余条,编制成册,作为企业的标准文件和维修执行标准。"电气设备的信息化水平发展特别快,要想掌握最前沿的东西,学习的脚步永远不能停止。"他说。

自主研发之路是企业的发展战略,也是李刚的不懈追求。他带领同事们从挑战"洋设备",改造"洋设备",到超越"洋设备",靠的就是勇于创新的精神和勇气。

李刚说:"2009年6月,美孚公司第一次在中国境内采购,技术要求比美国石油学会规定的标准还高。为抢占国际市场,公司顶着压力接下了这一单。我和同事在管子的连接、抗压强度、密封性、螺纹型等方面大胆创新,修改程序,改造设备,反复测试。最终,6 000吨产品如期交付。紧接着,几万吨的合同就来了。"

20多年来,李刚带领他的团队完成了一百余项创新项目:"接箍车丝机数控系统板改造"解决了外国专家束手无策的技术难题;"钢管双头打印技术"填补了国内空白;"特殊扣生产线电气设计"实现了技术的重大突破;"车丝机升级改造"实现了生产效率的大幅提升……李刚不仅能够维护尖端设备,而且敢于给它们"动刀"。取得这样优异的成绩,在于李刚牢固树立了终身学习的观念。

思考与实践

1. 根据自己的志向和兴趣,给自己设计一个职业技能目标,并考虑要提高职业素养,你应当在哪些方面刻苦努力,给自己制订一个可行的学习计划。

**我的目标:**

职业素养

**我的计划：**

_____

_____

_____

_____

_____

_____

2. 根据本章所学内容，写一篇"凭技能成才"的志愿书。

**我的志愿书：**

_____

_____

_____

_____

_____

_____

_____

_____

_____

_____

# 第6章 培养职业创新能力

创新是一个民族进步的灵魂,是一个国家兴旺发达的不竭动力。作为职业人,我们只有不断地培养自己的创新能力,不断地进行职业创新实践,才能促进自己的职业生涯不断取得新的成绩。

## 第一节 创新是突破发展的关键

### 一、什么是创新

**你能做到吗?**

现在请你思考这样一个问题,在笔不离开纸的情况下怎样用最多4条直线把下面9个点连接起来,要求直线间不重叠。

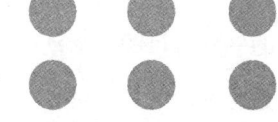

如果你把思维局限在9点之内,那么,你不可能解决这个问题。你必须跳出9点,

用创新的思路去思考，解决问题的方法如下图所示。

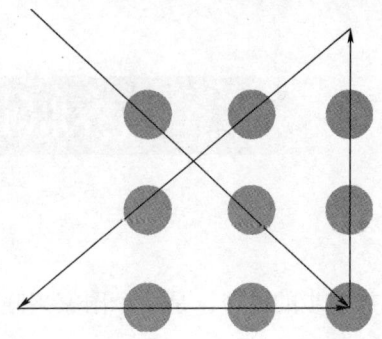

打破思维的局限后，这个问题的解决方法其实不止一个。试想，可否用3条直线把9个点连接起来？可否用1条直线把9个点连接起来？

我们在日常生活和工作过程中遇到了新情况、新问题，而用以往的思路和方法不能解决的时候，就需要进行创新活动，运用新的思路，找出新的方法。

创新就是人们为了达到一定的目的，遵循人的创造活动规律，发挥创造的能力和人格特质，创造出新颖独特、具有社会或个人价值的产品的活动。

创新思维具有以下特点：一是思维空间的开放性，主要是指创新思维不再局限于逻辑的、单一的、线性的思维，需要多角度、全方位、宽领域地考察问题；二是思维成果的独创性，具体表现为创新成果的新颖性及唯一性；三是思维主体的能动性，创新思维是思维主体的一种有目的的活动，而不是客观世界在人脑内简单、被动的反映；四是思维形式的反常性，体现为思维发展的突变性、跨越性或逻辑的中断，创新思维依靠的是灵感、直觉或顿悟等非逻辑思维形式。

## 二、创新是取得职业成就的关键

当今世界，科技进步日新月异，特别是20世纪80年代以来，以信息科学、生命科学为标志的现代科学技术突飞猛进，不仅极大推动了全球生产力的发展，而且也给人类的生产方式和生活方式造成了深刻影响。世界科学技术正酝酿着新的突破，一场新的科技革命和产业革命正在孕育之中。专家预计，在未来30~50年内，世界科学技术将实现重大创新，很可能在信息科学、生命科学、物质科学、脑与认知科学、地球与环境科学、数学与系统科学以及自然科学与社会科学的交叉领域中形成新的科技前沿，出现新的科学飞跃，为人类社会发展开辟新的广阔前景。

科学技术迅猛发展引发了社会生产方式的深刻变革。互联网、云计算、物联网、知识服务、智能服务等技术的快速发展为个性化制造和服务创新提供了有利条件和环境，柔性制造、网络制造、绿色制造、智能制造、全球制造日益成为生产方式变革的方向，人依靠机器生产产品变成机器围绕人生产产品。科技创新将不断创造以知识为基础的新工艺、新服务、新产业、新市场。

科学家们预测，"机器人革命"有望成为第三次工业革命的一个切入点和重要增长点，将影响全球制造业格局，而且我国将成为全球最大的机器人市场。国际机器人联合会预测，"机器人革命"将创造数万亿美元的市场。由于大数据、云计算、移动互联网等新一代信息技术同机器人技术相互融合步伐加快，3D打印、人工智能迅猛发展，制造机器人的软硬件技术日趋成熟，成本不断降低，性能不断提升，军用无人机、自动驾驶汽车、家政服务机器人已经成为现实。有的人工智能机器人已具有相当高程度的自主思维和学习能力。机器人是"制造业皇冠顶端的明珠",相关产品的研发、制造、应用是衡量一个国家科技创新和高端制造业水平的重要标志。

在新知识、新技术不断涌现的年代,创新能力已经成为每个职业人必备的核心能力。每个追求成功的人要努力克服各种影响创新的思维障碍,努力培养创新素养,为实现自己的职业梦想奠定基础。只有具备职业创新能力,才能不断适应新兴产业职业技能的要求,才能在职业活动中不断进行创新活动,才能在职业活动中不断取得创新成绩。

## 第二节 培养职业创新能力的主要途径

### 一、牢固掌握知识技能

掌握知识是培养创新能力的首要前提。在高科技创新驱动社会经济发展的时代,技能型人才工作岗位综合程度越来越高。例如,自动焊接生产线上的操作人员,既要有焊接的专业知识,又要熟悉自动焊接机器人的性能,还要具有一定的质量控制能力。岗位要求具备的能力不仅涉及焊接技术、计算机控制技术,还涉及物流、品质控制等方面。青年人要努力学习知识技能,特别是要牢固掌握核心能力所必须的基础理论知识和职业技能;要掌握相关领域的知识,形成相对较宽的专业知识面;同时,还要了解有关的法律法规。只有具备较为科学的知识技能结构,才能在岗位上做出创新成绩。

## 二、培养创新思维能力

### (一) 影响创新的思维障碍

人们在面对一个亟待解决的难题时，往往束手无策，一筹莫展。其原因在于，人们的思维存在障碍，受到了束缚。培养创新思维能力，首先要了解创新思维的主要障碍。

1. 偏见思维

偏见思维指的是人们对某一类人或事物产生的比较固定、概括而笼统的看法，是在认识事物时经常出现的一种思维定势。偏见思维的形成，主要是由于观察事物时没有时间和精力去观察事物的全部，而只观察其中的部分，得出"由部分推知全部"的结论。偏见思维固然有省时省力的好处，但很多情况下容易造成错误判断。

2. 惯性思维

惯性思维就是思维沿前一思考路径以线性方式继续延伸，并暂时封闭了其他的思考方向。

> **小故事**
>
> **阿西莫夫的回答**
>
> 阿西莫夫是世界著名的科普作家。他从小就很聪明，年轻时多次参加"智商测试"，得分总在160分左右，属于"天赋极高"的人。有一次，他遇到了一位汽车修理工。
>
> 修理工对阿西莫夫说："嗨，博士，我出一道思考题，考考你的智力，看你能不能正确回答。"阿西莫夫点头同意。
>
> "有一位聋哑人，想买几枚钉子，就来到五金商店，对售货员做了这样一个手势，左手食指立在柜台上，右手握拳做出敲击的样子。售货员见状，先给他拿来一把锤子，聋哑人摇摇头。这时售货员明白了，他想买的是钉子。聋哑人买好了钉子，

刚走出商店,一位盲人就进来了。这位盲人想买一把剪刀,请问,盲人将会怎么做?"

阿西莫夫顺口答道:"盲人肯定会这样。"他伸出食指和中指,做出剪刀的形状。

听了阿西莫夫的回答,汽车修理工开心地笑起来:"哈哈,答错了吧!盲人想买剪刀,只需要开口说'我买剪刀'就行了,他干吗要做手势啊?"

### 3. 线性思维

面对多元问题,将其中一个问题突出,把其余问题撇开,或者把复杂问题归结为一个简单问题,然后再去处理问题,这就是线性思维。

> **小故事**
>
> **研制"太空笔"**
>
> 有这样一则幽默:美国航天员在太空中用圆珠笔写不出字来,于是决定划拨100万美元攻关。研究是在极其秘密的状态下进行的,最后研制出了专用的"太空笔"。庆祝之余,有位官员突发疑问:苏联航天员在太空中是用什么笔写字的呢?于是,一批精干的谍报人员被派了出去,很快找到了答案:苏联航天员用的是铅笔!

现实生活中类似的"线性思维"的例子不胜枚举,但并不都是幽默,有的甚至需要付出惨痛的代价。

> **小故事**
>
> 一个漆黑的夜晚,司机老王开着一辆吉普车外出,车开到半路抛了锚。他初步判断是油耗尽了,便下车检查油箱。因为没带手电筒,所以老王就顺手掏出打火机。随着"轰"的一声巨响,他什么也不知道了。老王醒来时发现自己正躺在医院的病床上,原来是一位路过的好心司机把他救了。车报废了,脸毁容了,万幸的是命总算捡了回来。老王说:"当时只是想借打火机的光,看清油箱里究竟还剩多少油。根本没想到打火机的火,会引爆油箱并引火烧身。"这是典型的由"线性思维"惹的祸。

## （二）培养创新思维能力的主要途径

### 1. 培养发散思维能力

发散思维是创新思维最主要的特点。发散思维就是从不同方向、不同角度分析和看待事物，能够全方位、立体化地认清问题，从而找到更多创新的途径。

培养发散思维能力，不仅可以看到事物的表面属性，而且能够看到不易被人注意到的隐藏属性，而创新思维往往来源于对事物隐藏属性的认识。

### 三盏白炽灯

有两个房间，一个房间里有三盏白炽灯，另一个房间里有控制这三盏白炽灯的三个开关。现在要你分别进入这两个房间各一次，然后判断这三盏白炽灯分别由哪个开关控制。

解决的方法是：

先走进有开关的房间，将三个开关编号为 A、B、C。

将开关 A 打开 10 分钟，然后关闭 A，再打开 B。

马上走到有灯的房间，此房间内正在亮着的灯由开关 B 控制。

用手去摸摸另外两盏灯，发热的灯是由开关 A 控制的，不热的灯则由开关 C 控制。

事物具有多种属性。白炽灯有通电发光和发热两种属性。人们往往想到的是它发光的属性，却忽视发热的属性。但是，要解决这个问题就必须考虑到发热的属性。

发散思维的另一种表现就是思维的跳跃性。跳跃性思维中经常孕育着创新的契机。

> **小故事**
>
> 有这样一个作文题目："铅笔有多少用途？"最初，学生们都知道铅笔可用于写字。经过思考发现，铅笔不仅能用来写字，还有其他很多用途，比如：能用来代替尺子画线；能作为礼品送朋友表示友爱；能当商品出售获得利润；铅笔的芯磨成粉后可以做润滑粉；演出的时候可以临时用来化妆；削下的木屑可以做成装饰画；按照相等的比例锯成若干节，可以做成一副象棋；可以当做玩具的轮子；在野外缺水的时候，铅笔抽掉芯还能当做吸管喝石缝中的水；在遇到坏人时，削尖的铅笔还能作为自卫的武器等。

2. 培养集中思维能力

集中思维是指把问题所提供的信息集中起来，思路朝着同一个方向聚敛前进，得出答案的思维，也称聚合思维、求同思维。这种思维是利用已有的知识经验和现成方法来解决问题的一种有方向、有范围、有条理的思维方式，其主要特点或功能是求同求优，是创新思维方法之一。创新在某种意义上就是资源的巧妙组合。只有善于整合资源，才能达到资源的最优配置，从而实现有意义的创新。人类发展史上每一项发明的创造、每一次科学试验的成功、每一项制度的创立、每一个企业的诞生本质上都是对资源以不同方式整合的结果。

3. 培养逆向思维能力

逆向思维是指人们为了达到一定的目标，从相反的角度来思考问题，或是从问题想要的结果分析必须获得的条件，从中推导出解决问题的方法。有些人的习惯思维方式是朝向一个方向的。如果我们能够把看问题的方向倒转过来，往往会有意想不到的收获。逆向思维有两种：一是把思维主体和思维对象换个位置；另一种是把看问题的方向倒转。

很多时候，只从一个方向去想问题，很可能进入"死胡同"。有时，问题实在很棘手，从正面无法解决。但是，如果对问题进行逆向思考，反倒会有出乎意料的结果。

> **小故事**
>
> **推销员卖鞋**
>
> 两个推销人员到一个岛屿上去卖鞋。第一个推销员到了岛屿上之后，非常失望。他发现这个岛屿上每个人都赤脚。他想：没有穿鞋的，鞋卖给谁？然后，他给公司打电话说，鞋不要运来了，这个岛上没有销路。
>
> 第二个推销员来到岛屿上后，非常高兴。这个岛屿上鞋的销售市场太大啦！每一个人都不穿鞋，要是一个人穿一双鞋，那要卖出多少双鞋？于是，他给公司打电话，要求赶快把鞋空运到岛屿上来。

面对同样一个问题，不同的思维方向得出的结论是不同的。

逆向思维是一种创造性的思维方式。它将不利条件变为有利条件，将缺点变成潜在动力，使自己从劣势变为优势。优秀的人应具有逆向思维能力和突破传统观念的勇气。这样才能在常人认为不可能完成的事情上抓住机会，获得发展。

## 职业素养

> **小故事**
>
> **爱迪生测容积**
>
> 有一天,忙碌的爱迪生递给助手一个奇形怪状的玻璃瓶,说:"尽快算出它的容积,我等着用呢!"助手一听测容积,就取来尺子比来比去,两个小时了,还未能回话。爱迪生急了,让助手赶快取来瓶子,装满水,又倒进量杯,对着刻度说:"喏!这就是容积!"

伽利略临终之前,留下过一句话:"科学是在不断改变思维角度的探索中前进的。"

4. 培养联想思维能力

联想思维是指人们在头脑中将一种事物的形象与另一种事物的形象联系起来,探索它们之间共同的或类似的规律,从而解决问题的思维方法。联想思维依据的是对事物的广泛了解,而不是凭空臆想。

> **小故事**
>
> **巧制输油管**
>
> 日本有一个南极探险队,准备在南极过冬。他们打算把船上的汽油输送到基地,但遇到一个大难题:输油管不够长,汽油无法从科学考察船中送到基地,大家都心急如焚。
>
> "不妨用冰做管子试一试。"队长西堀荣三郎突发奇想。南极气温极低,到处都是冰天雪地,称得上滴水成冰。用冰做管子当然不成问题。但最关键的问题是如何把冰做成管子的形状而又不破裂渗漏。西堀荣三郎接着联想到医疗上使用的绷带。他设想,把绷带缠在铁管上,然后在上面浇水,待水结成冰后,再抽出铁管,这样不就能做成冰管子了吗?一试,果然获得了成功。
>
> 他们把做好的冰管子一截一截地连接起来,需要多长就能接多长。就这样,在人迹罕至的南极解决了输油管这个大问题。

一个人要具有丰富的联想，才会产生各种灵感以及各种创造性的思维，才可能实施最后的具有实质性的创造行为。

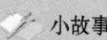 小故事

### 深山藏古寺

这一年，京城画院要招收一名画师，有四名考生来参加考试。画院以"深山藏古寺"为题来考应试者。第一名考生画的是，深山里树木环抱，中间有一座寺庙；第二名考生画的是，密林深处仅仅露出寺庙的一角；第三名考生画的是，深山老林里并没有寺庙，只有一条高高飘扬的幡。这三名考生都没有被选中。被选中的第四名考生画的是，一个和尚挑着两桶水往山上走。画面上虽然丝毫没有古寺的痕迹，却使人联想到古寺就"藏"在深山里。这正是这幅画的巧妙之处。

1. 有一块口香糖不见了，屋子里只有4个人，问他们谁吃了？A说："B吃啦！"B说："D吃啦！"C说："我没有吃。"D说："B说谎。"目前知道，四人中只有一个人撒谎，请问口香糖到底是谁吃的？

推理过程：

_____

_____

_____

_____

_____

2. 有十二个鸡蛋，其中有一个是坏的。坏鸡蛋与好鸡蛋重量不同。现要求用天平称三次，称出哪个鸡蛋是坏的。

**推理过程：**

_____

_____

_____

_____

3. 猜帽子的游戏

有甲、乙、丙三人，同向站立。在三人不知道的情况下，主持人给三人各戴上一顶帽子：红帽或白帽。三人都知道有三顶红帽和两顶白帽。丙可看见甲和乙的帽子，乙可看见甲的帽子。主持人问丙是否知道自己戴的是什么颜色的帽子，丙答不知道；又问乙是否知道，也答不知道；问甲是否知道，甲答知道了，是_____。

**甲是怎么知道的？他的推理过程是：**

_____

_____

_____

_____

_____

4. 请大家动动脑筋，打破框框，再想想曲别针都有什么用途。运用发散思维，有人可以说出很多种。你可以想出多少种？

我想出的用途：

_____

_____

_____

_____

5. 阅读下面短文，思考一下培养创新能力对于今后职业发展的意义。

1980年，技校毕业的高凤林进入火箭发动机焊接车间氩弧焊组。为了练好基本功，他吃饭时拿筷子比画着焊接送丝的动作，喝水时端着盛满水的缸子练稳定性，休息时举着铁块练耐力，甚至冒着高温观察铁水的流动规律。渐渐地，高凤林日益积攒的能量迸发出来。

20世纪90年代，为我国主力火箭长三甲系列运载火箭设计的新型大推力氢氧发动机，其大喷管的焊接一度成为研制瓶颈。全部焊缝长度近900米，管壁比一张纸还薄，焊枪停留0.1秒就有可能把管子烧穿或者焊漏，一旦出现烧穿和焊漏，不但大喷管面临报废，损失百万元，而且影响火箭研制进度和发射日期。这项艰巨的任务落在了高凤林身上。

经过不断摸索，高凤林和同事攻克了烧穿和焊漏两大难关。最后，第一台大喷管被成功送上了试车台，这一新型号大推力发动机的成功应用，使我国火箭的运载能力得到大幅提升。

"我在航天一线干了38年，在我看来，工匠精神的核心，就是要做到让人竖大拇指。"高凤林说，"此外，个人目标一定要与企业的、国家的发展目标相一致，如此才能实现个人价值。"

## 职业素养

在航天工作一线，大家都知道高凤林有把"不可能"变为"可能"的本事。这源于他在工作中敢闯敢试，不断创新突破。

某型号发动机组件，生产合格率仅为35%。半年时间内要拿出大批量合格产品。该产品采用的是软钎焊加工，而高凤林的专业是熔焊，这是一次跨专业的攻关。为了搞清机理，在技术层面把握关键，他跑图书馆，浏览专业技术网站，千方百计搜集国内外相关资料。每天带领团队在二十多平方米的操作间进行试验，两个月里试验上百次，最终形成的加工工艺使该产品的合格率达到90%。

在操作难度很大的发动机喷管对接焊中，高凤林研究产品的特点，提出了"反变形补偿法"进行变形控制，这一工艺后来获得了国家科技进步二等奖。他还主编了首部型号发动机焊接技术操作手册等行业规范，多次被指定参加相关航天标准的制定。自学—实践—总结—再实践的过程，让高凤林逐渐成为国内权威的焊接专家，成为大家眼中把深厚的理论与精湛的技艺完美结合的专家型工人。

2006年，由世界16个国家和地区参与的反物质探测器项目，因为低温超导磁铁的制造难题陷入了困境。来自国际和国内的技术专家提出的方案，都没能通过美国国家航空航天局（又称美国宇航局）主导的国际联盟的评审。一筹莫展时，诺贝尔奖获得者丁肇中教授找到了高凤林，请他出手相助。高凤林到现场调研后很快指出症结所在，陈述了自己的设计方案，并最终获得美国宇航局和国际联盟的认可。

高凤林说，国家要发展，需要全面的创新，不管是大创新、小创新，还是微创新。

**我的思考：**

# 第7章 培养职业礼仪素养

职业人只有讲究文明礼仪,才能与同事、合作方以及亲属建立良好的关系。职业人只有讲究文明礼仪,才能在职业活动中与人和谐相处、与人合作共事。讲究礼仪是一个人整体素养的重要体现,是职业素养的重要组成部分。

## 第一节 礼仪是人际和谐交往的前提

### 一、什么是礼仪

礼仪是人们在社交活动中所共同遵守的礼节、仪式,是必须严格遵守的礼貌行为规范。这里所讲的礼节,指待人接物或举行仪式的规矩,是礼仪规范的具体表现形式。比如,在举行结婚仪式时,夫妻互拜、互赠礼物,主婚人、证婚人讲话等就属于礼仪规范的具体礼节。

**链接**

### 首因效应

在职业人学习、工作以及生活中，都要随时随地地与人交往，而且，人们一般会根据对方的表情、体态、仪表、服装、谈吐、礼节等礼仪表现，在1分钟左右的时间内形成对方给自己的第一印象。第一印象一旦形成，要改变它就不那么容易了。很多时候，即使后来的印象与最初的印象有差距，人们也会自然地倾向于相信最初的印象，这就叫人际交往中的首因效应。首因效应，一般指人们初次交往接触时，通过观察对方的形象、礼仪举止，得出对他人的评价结论，这种第一印象或最初印象，常常影响着对他人以后的评价。经常会听见有人抱怨："坏就坏在没有给他留下好的第一印象，现在已无法改变。"由此可见，礼仪在人际交往中的重要作用。

## 二、礼仪的作用

 **链接**

### 古人的"礼"

古人说："容貌、态度、进退、趋行，由礼则雅，不由礼则夷固僻违、庸众而野。故人无礼则不生，事无礼则不成，国家无礼则不宁。"这句话的意思是：容貌、仪态、进退、疾走、慢走，有礼就雍容儒雅，无礼则倨傲偏邪、庸俗粗野。所以，人不守礼就没法生存，做事没有礼就不能成功，国家没有礼则不安宁。古代先哲们早已认识到，遵守礼仪对一个人的成长，对办成一件事情，乃至对国家的安宁，都起着非常重要的作用。

"做人先学礼。"礼仪教养是人生的第一课。职业人通过学习礼仪，提高自己的礼仪素养，必然会对形成和谐的人际关系，对今后在职业活动中取得良好业绩起到有力保障作用。具体讲礼仪有以下作用。

### （一）礼仪是个人美好形象的标志

礼仪是一个人内在素质和外在形象的具体体现，其核心是倡导人们要修睦向善。礼仪是提升个人修养的重要手段，也是一个人具备美好形象的标志。在社会活动中，交谈讲究礼仪，可以使人显得文明；举止讲究礼仪，可以使人显得高雅；穿着讲究礼仪，可以使人显得大方；行为讲究礼仪，可以使人显得美好。总之，一个人只有讲究礼仪，才能展现出美好形象。

### （二）礼仪是建立和谐人际关系的基础

讲究礼仪有助于促进人与人之间顺利地交流与沟通，有助于促进人们之间的理解和尊重，有助于人们建立友好合作的关系，有助于缓和或者避免不必要的矛盾和冲突，进而形成和谐的人际关系。建立和谐的人际关系，有助于促进人们的事业顺利发展。

## 第二节　培养职业礼仪素养的主要途径

礼仪是职业素养的重要组成内容。了解、掌握并遵守职业礼仪有助于完善和维护职业人的形象。职业人从现在起就要培养职业礼仪，提升职业素养。

## 一、注重个人形象礼仪

### （一）仪表服饰礼仪

1. 女士仪表服饰礼仪

头发：勤于清洗，梳理整齐，修饰得当，不戴夸张饰物。

面容：清洁干净，化淡妆。工作时间不要当众化妆。

双手：保持清洁，不留长指甲，不涂有色指甲油。

气味：保持体味清新，不用过浓气味的香水。

服装整洁得体，熨烫整齐，无污渍。首饰佩物应简洁得体，不宜夸张。

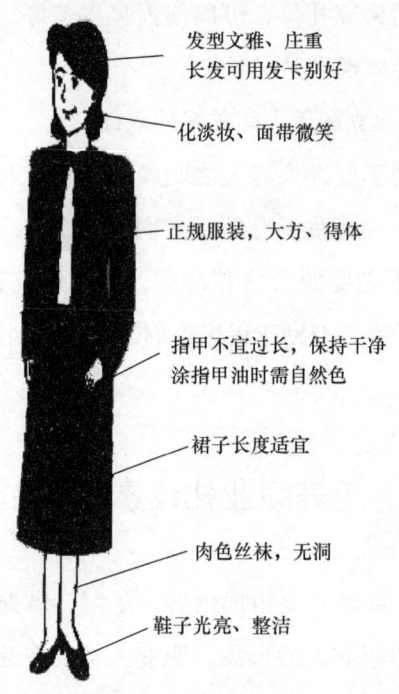

2. 男士仪表服饰礼仪

头发：勤于清洗，保持清洁，梳理整齐，不留长发或怪异发型。

面容：精神饱满，不留胡须，保持面容整洁。

双手：保持双手及指甲清洁。

气味：保持体味清新。

服装整洁得体，熨烫整齐，无污渍。

>  链接
>
> #### 服饰礼仪的基本原则——TOP
>
> T 是 Time，即时间原则。着装要根据时间的不同而及时变化。穿戴应考虑到时代性、季节性、早晚性。
>
> O 是 Occasion，即场合原则。衣饰打扮应顾及活动场所的气氛及活动规格。
>
> P 是 Place，即地点原则。地点不同也是决定如何穿衣的重要因素。

### （二）仪态举止礼仪

1. **女士仪态举止礼仪**

（1）站姿。抬头挺胸，收腹直腰，目视前方。肩平舒展，双手交叉放于背后或腹前。双腿并拢直立，脚跟靠紧，两脚呈 V 字型或丁字状。

（2）坐姿。入座要轻，至少应坐满椅子的 2/3。后背轻靠椅背。头部挺直，双目平视。下腹内收，双膝自然并拢，

斜放一侧。着裙装时，要收拢裙角后坐下。坐姿摆正，上身略微前倾，双手自然交叠放于腿面。

（3）走姿。抬头平视，上体自然挺直，收紧腹部。行走步频、步幅适中，轻盈自然，姿态优美。

2. **男士仪态举止礼仪**

（1）站姿。上身正直，抬头挺胸，目视前方。收腹直腰，肩平

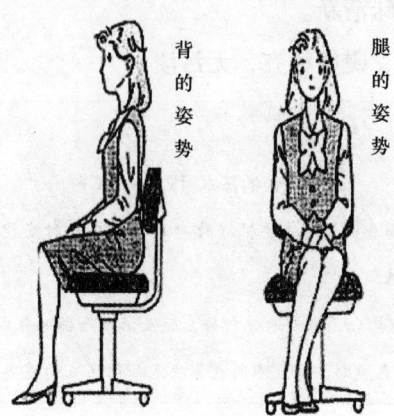

舒展。双手自然下垂或置于背后。双腿并拢直立，脚跟靠紧，脚尖呈 V 字型，也可两脚分开，比肩略窄。

（2）坐姿。入座要轻，至少应坐满椅子的 2/3。后背轻靠椅背，双目平视。收腹直腰，上身稍向前倾。双手掌心向下放于膝上，双膝略分开。

（3）走姿。抬头挺胸，平视前方，上体平稳，行走步频、步幅适中，稳健大方。

## 二、培养与人交往的礼仪

人与人之间的交往都要用到礼仪。下面简单介绍在职业活动中的几种交往礼仪。

1. 握手礼仪

在现代社会中，一个人在被介绍给他人时，在工作场所欢迎客人时，在遇到熟人时，在与朋友告别时，都要与对方握手。

握手的顺序一般按照"尊者决定"原则，即待女士、长辈、已婚者、职位高者伸出手来之后，男士、晚辈、未婚者、职位低者方可伸出手去呼应。如果一个人要与许多人握手，那么，有礼貌的顺序是，先长辈后晚辈，先主人后客人，先上级后下级，先女士后男士。在正常情况下，握手的时间不宜超过 3 秒，必须站立握手，以示对他人的尊重、礼貌。

2. 鞠躬礼仪

鞠躬，意即弯身行礼，是对他人表示尊重、敬佩的一种礼仪。鞠躬时必须立正、脱帽，态度郑重，嘴里不能吃任何东西，也不能边鞠躬边说与行礼无关的话，鞠躬前双眼礼貌地注视对方，以表示尊重和诚意。鞠躬时上身前倾的角度视对受礼人的尊重程度而定，角度越大就越谦恭。上体前倾 15 度，为点头鞠躬礼；上体前倾 30 度，为普通鞠躬礼；上体前倾 45 度，表示深深的敬意。在一般场合施 15 度左右的鞠躬礼即可。鞠躬的同时致以问候或告别语，如："你好！""早上好！""欢迎光临！""见到您很高兴！""欢迎下次再来！"

3. 名片礼仪

名片或名片夹应放于上衣或公文包内。递送名片时，应先报上自己的公司名称，将名片置于掌中，文字要正对对方，用拇指轻压名片边缘，其余四指托住名片背面，身体前倾，用双手呈递。

接受对方的名片时，应双手捧接并道谢，仔细观看名片上的内容。接受对方的名片后，应放于上衣口袋或名片夹中，不能随便放置。

4. 拜访礼仪

拜访前应事先通知对方，约好会面时间，避免突然造访。约好拜访时间后应准时赴约，不要早到或迟到。若因紧急事务不能如期赴约，应尽快通知对方并致歉。拜访过程中应尽量避免过多地打扰对方。工作拜访应注意提高效率，以不影响对方正在进行的工作为宜。

5. 引路礼仪

引路时应走在客人左前方两三步，让客人走在路中间，并适当做些介绍。楼梯内引路应让客人走在右侧，引路人走在左侧。在拐弯或有台阶的地方应使用手势，提醒客人"这边请"或"注意台阶"。伴随客人或长辈来到电梯厅门前时，先按电梯按钮；电梯到达门打开时，可先行进入电梯，一只手按住开门按钮，另一只手按住电梯侧门，请客人们先进；进入电梯后，按下客人要去的楼层按钮；行进中有其他人员进入，可主动询问要去几楼，帮忙按下按钮。在电梯内尽可能侧身面对客人，不用寒暄；到达目的楼层，一只手按住开门按钮，另一只手作出请的动作，可说："到了，您先请！"客人走出电梯后，自己立刻走出电梯，并热诚地引导行进的方向。

6. 开门礼仪

向外开门时，应站在门旁，对客人说"请进"并施礼。向内开门时，应自己先进入房内，侧身对客人说"请进"并施礼，轻轻关上门后，请客人入座。

7. 奉茶礼仪

奉茶时，不要使用有缺口或裂缝的茶杯。茶水不宜太烫或太凉，茶水浓度要适中，沏入茶杯七分满。来客较多时，应从身份高的客人开始奉茶。若不明确身份，从上席开始。在客人未上完茶时，不要先给自己公司的人上茶。

8. 送客礼仪

客人离开时应主动为客人开门,待客人走出后再紧随其后,在适当的地点与客人握手告别,如电梯口、大门口、停车点等。若是远道而来的贵宾可送至车站、机场等,目送客人走远后再离开。

9. 谈话礼仪

与人谈话时目光应注视对方双眼或双眼与额头之间的区域,但不应长时间凝视对方的眼睛,应适当根据对方所说内容给予必要的反应。与女士谈话要谦和、慎重,切忌乱开玩笑。交谈时要表情自然,说话和气,通情达理,避免不愉快的话题。若谈话现场的人数超过三人,在交谈中应不时地选择话题与所有人攀谈。与人交谈不要心不在焉,流露出不耐烦的样子。切忌在交谈中东张西望、高声辩论、恶语伤人。别人说话时,不应随意打断,如确需插话,应取得对方同意,插话完后应礼貌示意对方继续说话。

领导与下属谈话,作为下属,应尊重领导,维护领导的威望和尊严,应有谦虚的态度,不能顶撞领导。切忌直呼领导名字。直呼领导名字的人一般是跟领导情谊特殊的资深员工或认识很久的老友。除非领导自己说:"别拘束,你可以叫我某某某。"否则下属应该以尊称称呼领导,如"某经理""某董事长"等。

## 三、培养公务礼仪

公务礼仪规范,是指在工作岗位上处理日常事务时所应遵循的基本礼仪，又称办公礼仪或行政礼仪。公务礼仪是职业礼仪规范中的核心内容，是每一名员工都应掌握的礼仪规范。

（一）办公场所礼仪

办公场所应保持整洁，讲礼貌。同事之间应使用礼貌用语，相互尊重。在开放式办公区内说话音量应保持适度，尽量不要干扰其他同事。禁止在办公区内吸烟。

进出同事的办公室，应注意礼貌。进入前要先轻轻敲门，听到应答后再进入。进入后应轻轻关门。进入同事的办公室后，如对方正在讲话，应稍等静候，不要中途插话。如有急事要打断插话，也要看准机会，并说："对不起，打断您的谈话了。"走出办公室时，应随手关好门。

（二）致意礼仪

同事间致意是一种无声的问候礼仪，常用于相识的人在公共场合打招呼。在公共场合里，人们往往采用招手致意、欠身致意、脱帽致意等形式来表达友善之意。

（三）办公电话礼仪

接打办公电话，应做到语言礼貌、态度谦和、举止文明，轻拿轻放话筒，声音清晰悦耳。接听电话时要首先问候，然后报出单位名称。接听铃响不应超过3次。若超过3次，应先向对方道歉，注意文明用语。若对方拨错电话，应礼貌地说明情况，或热情地代对方转接。内容重要的电话要认真做好记录。终止通话时，应说"再见"后，方可放下话筒。不得将话筒夹在脖子下或趴着、仰面、坐在桌角上通电话。不能高声讲私人电话，在工作时间接打私人电话已经很不应该，要是再肆无忌惮高谈阔论，更会令领导、同事反感。

## （四）会议礼仪

参加会议应按规定着装。应事先准备好相关材料，提前5分钟到达会场，并按会议安排入座。

参加会议时应关闭一切通信工具或调至振动，应遵守会议纪律，不随意出入会场或接听电话。迟到者必须向主持人表示歉意，中途离开者也应向主持人示意。会议进程中不交头接耳，集中注意力认真做好记录。主持人或发言人讲完话，与会者应鼓掌回礼。

发言时应口齿清晰。若是书面发言，要时常抬头扫视会场，不能低头读稿，旁若无人。发言完毕，应对听众的聆听表示谢意。自由发言应讲究顺序和秩序，不能争抢发言。发言应观点明确，言简意赅。对与会者的提问应礼貌回答，对不能回答的提问应礼貌地说明理由。

思考与实践

1. 想一想，如何将文明礼仪规范培养成自觉的行为。

**我的思考：**

2. 进行站姿练习，注意各部位的要求
3. 进行坐姿练习，注意各部位的要求。

# 第8章 培养职业沟通能力

有研究表明,一个正常人每天 60%~80% 的时间用在"听、说、读、写"等沟通活动上。与人沟通的能力,在所有的能力中是排在前面的,沟通能够产生其他能力所不能代替的力量。沟通能力是职业成功必备的素养。因此,职业人掌握必要的沟通技能,将会有效地促进今后的职业发展。

## 第一节 沟通改变人的思想行为

### 一、什么是沟通

> **小故事**
>
> **六尺巷的故事**
>
> 清康熙年间,礼部尚书张英世居桐城,其府第与吴宅为邻,中有一块属张家隙地,向来作过往通道。后吴氏建房子想越界占用,张家不服,双方发生纠纷,告到县衙。因两家同为显贵望族,县令左右为难,迟迟不予判决。张英家人见有理难争,

> 遂驰书京都，向张英告状。张英阅罢，认为事情简单，便提笔，在家书上批诗四句："千里修书为堵墙，让他三尺又何妨。长城万里今犹在，谁见当年秦始皇。"张家得诗，深感愧疚，毫不迟疑地让出三尺地基。吴家见状，觉得张家有权有势，却不仗势欺人，于是也效仿张家向后退让三尺，形成了一条六尺宽的巷道，后人称为"六尺巷"。
>
> 　　这个故事中张英的家人通过书信向他传递了张、吴两家争地矛盾的信息，张英又以书信形式回复并使矛盾化解。这一书信往来并解决矛盾的过程，就是一个沟通的过程。

　　沟通是指可理解的信息或思想在两个或两个以上人群中的传递或交换的过程，目的是激励、影响人的思想或行为。

　　沟通作为一种行为或者行为过程，是能够被对方感知的。这种行为可以是语言的，也可以是非语言的。个体的思想、观点、态度、要求等要为他人所接受，就必须将它们转化为各种不同的、可以为他人所感知觉察的信号，再通过一定的方式和渠道把信号表达出来，从而影响对方的思想或行为，以达到沟通者的期望。

## 二、沟通的过程和要素

　　一个完整的沟通过程如下图所示。

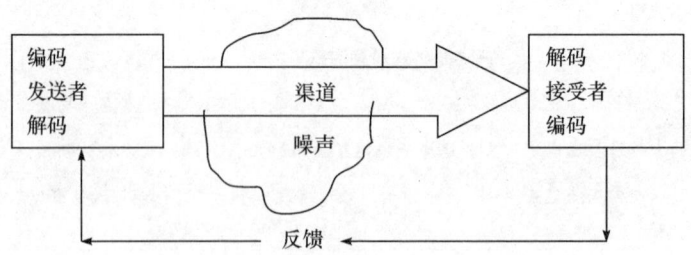

在沟通过程中，至少存在着一个发送者和一个接受者，即信息发出方和信息接受方，其中沟通的载体成为沟通渠道，编码和解码分别是沟通双方对信息进行的信号加工形式。一个完整的沟通过程，是由信息的发送、传递、接受、反馈等要素构成的一个互动过程。

信息的发送，就是把一定的信息表达出来。这里讲的信息包括想法、观点、资料等。信息的发送实际上隐含着对所要发送的信息进行编码的过程，即将个体明确需要沟通的信息转化为信息接受者可以接受的形式，如语言、文字、表情等。

信息的传递，就是采用一定的方式，通过一定的渠道将信息传递给接受者。

信息的接受，就是接受者接到对方发送的信息，并对接受到的信息进行解码的过程，实际上就是对接受到的信息进行理解的过程。

信息的反馈，就是信息的接受者把对信息的解码传递给信息发送者。发送出的信息未必一定有反馈，但有反馈的才是完整的沟通；反馈信息未必只有语言一种形式，也可以是行为、动作、眼神、表情等。

## 三、沟通的主要形式和方法

从不同的角度进行界定，沟通可以划分为不同的形式：

按照组织管理系统和沟通体制的规范程度，可以分为正式沟通和非正式沟通。

根据沟通中信息的传播方向，可分为下行沟通、上行沟通、平行沟通以及斜向沟通。

根据信息是否以语言为载体进行传播，可分为语言沟通和非语言沟通。

根据沟通是否进行反馈，可分为单向沟通和双向沟通。

根据沟通者的数目，可分为自我沟通、人际沟通和群体沟通。

各种形式的沟通使用的方法主要有：

★ 口头沟通，包括交谈、讲座、讨论会、电话等。

★ 书面沟通，包括报告、备忘录、信件、文件、内部期刊、布告等。

★ 非语言沟通，包括声、光信号、体态、语调等。

★ 电子媒介沟通，包括传真、闭路电视、计算机网络、电子邮件（E-mail）等。

> **小故事**
>
> **不同的沟通技能创造不一样的业绩**
>
> 沟通不是纯粹的话术，不只是把话说得漂亮，更重要的是，要去了解和熟悉对方，要在沟通过程中了解对方真正的需求，并努力去满足。有四个营销员接受任务，到庙里向和尚推销梳子，他们的沟通技能不同，取得的业绩也不一样。
>
> 第一个营销员到了庙里，问和尚要不要梳子，和尚说没有头发不需要梳子，所以一把都没有卖出。他空手而回。
>
> 第二个营销员到了庙里，告诉和尚们，头要经常梳梳，不仅止痒，而且可以活络血脉，有益健康。念经念累了，梳梳头，头脑清醒。第二个营销员卖出了十多把。
>
> 第三个营销员到庙里后，对和尚说，您看这些香客多虔诚呀！在那里烧香磕头，磕了几个头起来头发就乱了，香灰也落在他们头上。您在每个庙堂的前堂放一些梳子，他们磕完头可以梳梳头，会感到这个庙关心香客，下次还会再来。第三个营销员卖出一百多把梳子。

第8章 培养职业沟通能力

> 第四个营销员到庙里后,对和尚说,庙里经常接受香客的捐赠,得有回报给人家,买梳子送给他们是最好的礼品。你们在梳子上写上庙的名字,再写上"积善梳"三个字,以示对香客的感谢和祝福。你们可以买些梳子作为礼品储备在庙里,谁来了就送。这样做保证庙里香火更旺。第四个营销员卖出好几千把梳子,而且还有之后的订货。

## 第二节　培养人际沟通能力

### 一、影响人际沟通的主要障碍

> **小故事**
>
> **给国王解梦**
>
> 　　古代有一位国王,一天晚上做了一个梦,梦见自己满嘴的牙都掉了。于是,他就找了两位解梦的人。国王问他们:"为什么我会梦见自己的牙全掉了呢?"
>
> 　　第一个解梦的人说:"皇上,梦的意思是,在你所有的亲属都死去以后,你才能死,一个都不剩。"皇上一听,龙颜大怒,杖打了他一百大棍。
>
> 　　第二个解梦的人说:"至高无上的皇上,梦的意思是,您将是您所有亲属当中最长寿的一位呀!"皇上听了很高兴,便拿出了一百枚金币,赏给了第二个解梦的人。
>
> 　　同样的事情,同样的内容,为什么一个人会挨打,而另一个人却受到嘉奖呢?只因为挨打的人不会说话,得赏的人会说话而已。"一句话说得人跳,一句话说得人笑。"关键就看你能不能掌握沟通的技巧。人们首先要消除影响沟通的主要障碍,掌握有效沟通的基本技能,才能有效地陈述自己的意见而且不引起他人的反感。

影响人际沟通的主要障碍有哪些呢？

（一）过滤

信息过滤就是信息发送者根据一定的规则或者个人的兴趣、爱好、需要等对信息进行操作的过程，将自己不需要、不希望收到的信息弱化、删除，不传递表达，即过滤掉一部分事实上存在的信息内容。

 链接

**沟通的滤斗现象**

沟通存在一种滤斗现象。简单地说，一件事情，讲述者知道的是100%，讲述者说时想到的只有90%，讲述者所说出口的只有70%。那么，到接受者那儿呢？他所听到的一下子就过滤了，过滤到他所想听的是60%，但实际听到的只有50%，而理解的只有40%，接受的只有30%，记住的只有10%~20%了。所以，沟通的障碍就发生了。

（二）选择性知觉

在沟通过程中，接受者会根据自己的需要、动机、经验、背景及个人特点有选择地去看或听信息。有时接受者还会把自己的兴趣和期望带到信息之中。一般说来，人们在接受信息时，总是注意接受自己感兴趣的。如果自己对他人所发送的信息不感兴趣，就会分散倾听或观察的注意力，以至于视而不见，充耳不闻，从而影响信息的接受，使沟通不能达到预期的目的。

（三）情绪

信息接受者对信息的接受与情绪有着非常重要的关系。情绪烦躁时，就容易头脑发热，就经常会丢三落四、不能静下心来思考问题,就会对信息的接受产生阻抗心理,不喜欢听,不喜欢看,百无聊赖,甚至因此而拒绝接受任何信息。情绪好时,即使是自己不感兴趣的信息,也会宽容大度地接受。因此,最好避免在狂喜或狂怒的时候进行重要的沟通,因为此时无法清楚地思考问题。

### (四)语言

同样的词汇对不同的人来说是不一样的。年龄、教育和文化背景是三个最明显的因素。它影响着一个人的语言风格以及他对词汇的界定。

### (五)非言语提示

非言语沟通总是与口头沟通相伴。如果二者协调一致,则会彼此强化。当非言语提示与口头信息不一致时,不但会使信息接受者感到迷茫,信息的清晰度也会受到影响。如果有人告诉你他真心想知道你遇到的困难,而当你告诉他情况时,他却在浏览手机,这就形成一个相互冲突的信号。

## 二、培养人际沟通能力的主要途径

### (一)培养倾听能力

倾听是积极主动的,而单纯的听则是被动的。倾听是一项"艰苦的劳动",精力要高度集中,需要彻底理解对方所说的内容。倾听常常比说话更容易引起疲劳,因为它要求脑力的投入,要求集中全部注意力。人们说话的平均速度是每分钟150个词汇,而倾听的能力则是每分钟1000个词汇,在听别人说话时,大脑有充足的时间可以游走四方。职业人如果全神贯注地听一节课,会感觉像老师一样疲惫,就是因为积极倾听所投入的精力和老师讲课是一样的。

1. 积极倾听的要求

(1) 专注

人的大脑能接受的说话速度是一般人说话速度的 6 倍,使得倾听时大脑有相当多的时间闲置。这就需要关闭其他杂念,将闲置的时间用于概括和综合所听到的信息,以使人们的思维不偏离听的主题。

(2) 移情

移情就是要求把自己置身于说话者的位置,努力去理解说话者所想表达的意思,而不是自己主观理解的意思。要从说话者的角度调整自己的思路,才能保证听到的信息符合说话者的本意。

(3) 接受

接受就是客观地倾听内容而不做判断。如果听到自己不同意的观点时,会在心里阐述自己的看法并进行反驳,这就会漏掉余下的信息。先接受他人所言,而听完之后再做自己的判断,是倾听所面临的一项挑战。

(4) 完整

完整就是要求在倾听内容的同时,观察说话者的情感并通过提问来确保完整地理解说话者所要表达的信息。

2. 倾听技能的培养

(1) 目光接触

当你在说话时对方不看你,你的感觉如何?你肯定会认为对方冷漠和对话题不感兴趣。与人面对面沟通一般应平视对方,既不能死死盯住对方,也不能目光游离、东张西望。有意思的是,"你用耳朵倾听,他人却通过观察你的眼睛判断你是否在倾听。"目光接触还可以使你集中精力,减少分心的可能性,并能鼓励说话的人。

（2）避免分心的动作

表明你在认真听对方讲话就要避免那些表现思想走神的举动。与人谈话沟通时，看手表、玩手机、心不在焉地拿着笔乱写乱划等分心动作，会使对方感觉你很厌烦或对沟通不感兴趣。这样的举动不仅容易遗漏一些对方传递的信息，而且会显示出对人的冷落，容易引起对方的反感，也说明你并未集中精力，很可能会遗漏说话者传递的信息。

### "丢失"的订单

有一名叫乔·吉拉德的推销员，他在向客户推销一辆轿车。他在详细地与客户交流了半个多小时以后，凭自己专业的沟通技巧已经打动了客户。接下来要做的是，把客户带到办公室签单。当他们走向办公室时，这位客户突然谈起了自己的儿子。在谈到儿子未来的理想是"做一名律师"时，他脸上洋溢着幸福的光芒。然而，乔·吉拉德并没有在意。也许此刻，他心里想的仅仅只是那个未签的单。因此，面对客户说的话，他虽然予以配合，但却明显缺乏热情。在去往办公室的路上，他们还遇到了公司其他的推销员聚在一起谈笑。这又分散了乔·吉拉德的一些注意力。他听着客户的话，眼睛却不自觉地瞟向那群人。谈着谈着，客户突然生气地说："我要走了。"于是便离开了。

让我们分析一下，乔·吉拉德为什么会丢掉这个单子？是因为客户没有需求吗？是因为价格问题吗？是因为他的沟通技巧不够纯熟、话术不够好吗？都不是！是因为他没有认真倾听客户的谈话，是因为在与客户谈话过程中出现了过多的分心动作。乔·吉拉德认真地总结了这次教训,并努力培养积极倾听的技能。通过努力,他做出了突出的成绩,被誉为全世界"最伟大的推销员"。

(3) 不要随意打断别人说话

在与人沟通的过程中,要先让说话者讲完自己的想法,当有人正在说时,不要猜测他的想法,当他说完时你就会知道了。如果中间打断别人说话,或者对正在说的想法进行猜测,往往会曲解别人真实的意思。

> **小故事**
>
> **被误解的小"飞行员"**
>
> 美国知名主持人林克莱特有一天采访一名小朋友,问他:"你长大后想要做什么呀?"
>
> 小朋友天真地回答:"嗯……我要当飞机驾驶员!"
>
> 林克莱特接着问:"如果有一天,你的飞机飞到太平洋上空,燃料用尽,所有引擎都熄火了,你会怎么办?"
>
> 小朋友想了想,回答:"我会先告诉坐在飞机上的人绑好安全带,然后我挂上我的降落伞跳出去。"
>
> 当在场的观众笑得东倒西歪时,林克莱特继续注视着小朋友,想看他是不是自作聪明的小家伙。没想到,接着,孩子的两行热泪夺眶而出,这才使得林克莱特发觉可能误解了小朋友真正的想法。于是,林克莱特问他:"为什么你要这么做?"小朋友高声回答:"我要去拿燃料,我还要回来!"
>
> 听的艺术就是要做到听话不要听一半。不要把自己的意思,投射到别人所说的想法上。

(4) 赞许性点头

有效的倾听者会对所听到的信息表现出兴趣,赞许性的点头、恰当的面部表情，都能表明你的态度。

（5）尽量让对方多说

把说话的机会留给对方，尽量让对方多说话，既是一种尊重，也是更多了解对方信息的方法。否则，只是自己在说话，别人都插不上嘴，很可能会导致沟通的失败。

（6）提问

在沟通过程中适当提问，不仅是为了保证理解，而且可以使说话者知道你在认真地听。

（7）复述

复述可以检验自己理解的准确性，同时也证明你在认真倾听。

（8）角色转换

有效的倾听者要做到顺畅地从说者到听者、从听者再回到说者的角色转换。

## （二）正确运用反馈

有"听"的动作不一定表示真正在倾听，还要给对方一定的反馈信息，告诉对方你在真诚、认真地听。反馈，就是沟通双方期待得到的一种信息的回流。"你明白我说的话了吗？"所得到的答复就代表着反馈。没有反馈，就不是完整的沟通过程。

反馈应具体化，而不应一般化，要避免"你的学习态度很不好"或"你的同事关系很好"等过于模糊的语言。批评时应对事不对人，表扬时要既对事也对人。批评时应针对具体问题，而不能因为一个不恰当的举动，就说某人"很笨""能力太差"等。这样的语言常常会导致相反的结果。当进行批评时，指责的是具体的行为，而不是个人。要把握反馈的良机。当他人犯了错或做了好事时要及时进行批评或表扬,而不要等过了一个月或更长时间再提及此事。

### (三) 简化语言

进行沟通应该选择恰当的措辞并组织信息,语言表达要清楚、准确,以免产生歧义;避免过多使用专业术语、方言土语。这样才能使信息更容易被接受、理解,同时也要考虑不同国家、民族、地区人们存在的文化差异,减少矛盾和误解。

---

**小故事**

**秀才买柴**

明代有一个"酸"秀才上街买柴。他走到卖柴人对面,文绉绉地说道:"荷薪者过来!"荷薪是担柴的意思。卖柴的是个大老粗,他哪听得懂"荷薪者"这三个字是什么意思。但是,他听懂了"过来"两个字,于是,就担着他的柴来到秀才面前。

看着卖柴人朝自己走来,秀才又咬文嚼字地问道:"其价几何?"这次又难倒了卖柴人,只见他摸了摸头,也不知道这位秀才说的是什么意思。但是,跟刚才一样,这位卖柴人也只听懂了个"价"字。于是就一五一十地告诉秀才他的柴到底卖多少钱。

紧接着,秀才又说道:"外实而内虚,烟多而焰少,请损之。"意思是说,你的柴外面是干的,里面却是湿的。这样的柴烧起来,肯定是烟多而火焰小,请减些价钱吧。

这一次,卖柴人彻底没辙了,刚才一句话还能听得懂几个字。可是,现在秀才,一口气说了这么多,他可是一个字都听不懂啊!

于是,这位卖柴人担着柴就走远了,任凭秀才在后面怎么喊,都不再回头。

---

### (四) 控制情绪

情绪能使信息的传递严重受阻或失真。你自己或者你的沟通对象在心情不佳、情绪低落时,很可能对接受的信息产生误解。这时要暂停进一步的沟通直至情绪恢复平静。

### (五) 要注意非言语提示

行动比语言更明确。在沟通时一定要注意自己的非言语提示，确保它们和语言保持一致，保证非言语提示同样传达了期望的信息。

## 第三节　培养团队沟通能力

### 一、团队沟通的分类

团队是一种为了实现某种目标而由相互协作的个体组成的工作群体。团队沟通有利于团队内部关系的建立和维持，有利于团队成员个体的职业生涯发展，有利于团队整体任务的完成。

团队沟通可以分为正式沟通和非正式沟通。

#### (一) 正式沟通

正式沟通，是通过明文规定的渠道进行信息的传递与交流，如各种会议、请示、报告等制度。在正式沟通中，按照信息传递的方向，又可分为上行沟通、下行沟通和平行沟通。就拿公文来说，下级机关向上级机关所做的请示、报告，就是上行沟通；上级机关向下级机关所发的命令、批复等，就是下行沟通；平行机关所发的函、通知等，就是平行沟通。

#### (二) 非正式沟通

非正式沟通，是指在正式沟通渠道以外所进行的信息传递和交流。这种沟通是建立在组织成员之间的社会交往和情感因素基础之上，人们以个人身份所进行的沟通活动。例如，人们私下交换意见等。

正式沟通的信息渠道规范，准确度较高，但往往欠灵活、迅速。非正式沟通形式灵活，传播速度快，但往往存在随意性大和可靠性差的问题。

## 二、影响团队沟通的主要障碍

### （一）个人因素

人们对于事物所持的不同态度、观点和信念是团队沟通的主要障碍。例如，人们在接受信息时，对符合自己利益需要或者与自己切身利益有关的内容，往往非常关注，而对自己没有影响的信息则容易被忽略掉。

团队成员的个性差异可能会引起沟通障碍。在组织内部的信息沟通中，个人的性格、气质、态度、情绪、兴趣等差别，都可能造成对于沟通内容当中的关注点的不同。如果张飞和林黛玉在一个团队中，那么在如何处理"落花"的问题上恐怕就会产生很大的争议。

在一个团队中，成员常常来自不同的文化和生活背景，有着不同的说话方式和风格，对于相同的沟通内容，可能会有不一样的理解，甚至有些言语是被人所忌讳的，这些都会造成团队沟通障碍。

### （二）人际关系因素

沟通是传递者与接受者之间的交流互动过程，是双方的事情，沟通双方的诚意和相互信任感至关重要。在团队沟通中，当面对来源不同的同一信息时，团队成员往往会选择相信与他们关系好或他们信任的人们传来的信息。如果上下级之间互相猜疑，就会增加抵触情绪，减少坦率交谈的机会，也不可能进行有效沟通。

### (三) 团队结构因素

信息传递者在团队中的地位、信息传递链长短、团队规模等结构因素，也是影响团队沟通的原因。许多研究表明，地位的高低对沟通的方向和频率有很大的影响。人们一般愿意与地位较高的人沟通，而信息的传递也趋向于从地位高的人流向地位低的人。信息传递环节越多，到达接受者的时间也越长，信息失真率则越大，越不利于沟通。因此，组织机构庞大，层次太多，会影响信息沟通的及时性和真实性。

## 三、培养团队沟通能力的主要途径

### (一) 认识团队沟通的重要性

为使团队决策科学、合理、更加有效，需要准确可靠而又迅速地收集、处理、传递以及使用包括组织内外经济资源、市场、技术、文化等各种情报信息。事实证明，许多决策的失误是信息资料不全、沟通不畅造成的。因此，没有沟通，就不可能有科学有效的决策。

沟通可以明确团队成员做什么，如何去做，没有达到标准时应如何改进。可以说没有沟通就不可能有协调一致的行动，组织的目标就难以实现。

### (二) 培养团队沟通能力

1. 培养"听"的技能

在团队沟通中，学会"听"不是容易的事，要改善团队沟通，就要掌握积极倾听的技能。主要包括：要表现出兴趣，不要争辩；要全神贯注，不要打断；该沉默时必须沉默，不要从事与沟通无关的活动；要学会安静地听，不要过快地或提前判断；要留适当的时间用于辩论,不要草草地作出结论;注意非言语暗示,不要让别人的事情直接影响你;当没听清楚时,要以发问的方式重复一遍;当发现遗漏时,要直截了当地提问。

案 例

### "重复"一下别人的话

王先生是一家工厂的老板,有500多名员工。由于自身积极的投入,不管是在业务上或是在管理上,均取得了良好业绩。可是,他就是对儿子没办法,每次一见面,没讲三句话,又是拍桌子又是摔门,弄得家里鸡飞狗跳。一天,又是因为儿子的晚归而再度弄得双方面红耳赤。儿子突然间住了口,然后一字一字地说:"爸,再这样吵下去也不是办法,能不能请你把我刚刚说的那句话重复一遍给我听?"

"啊?"王先生真的吓了一跳,压根儿也没想到有这怪招。"你说……你说……作父亲的太能干,当然看不起儿子。"

"不对!你再想想看,我是这么说的吗?"

"浑小子!那你怎么说的?你自己说过的话,你自己为何不再说一次?"

儿子突然间笑出声道:"你看!从头到尾,我说什么你都没有在听,那些话是你自己想的,我可没这么说。我们不是要沟通吗?那么,我说什么,你重复一次给我听,再轮到你说,我来重复。"

"喂!哪有那么多时间重复来重复去!你是真的想气死我啊!"

"爸!我们就试试看吧!否则这种争吵会没完没了的,你再想一想,我到底是怎么说的?"

王先生想了想，终于承认："我真的想不起来，你再说一次好了。"

"好吧！我说，父亲很能干，儿子一方面很佩服，一方面怕自己跟不上，心里多少有点压力。"

王先生冷静地一想，他说的合情合理，自己怎么会那么激动？结果，这天晚上，父子俩竟然可以谈上两个小时而不吵架。这个效果连王先生也意想不到。一觉醒来，虽然睡眠不足，但王先生还是神清气爽，一大早就来到公司，他要主持一个重要的采购会议。会议主题是讨论公司将要采购的价值1 000万元的机器设备，到底是买美国产的，还是买日本产的。依采购部的报价，日本产的价格便宜，东西也不差，可是工程师却主张买美国产的。

会场上，王先生让工程师发表意见，这是一种表面上的礼貌。工程师也知道，老板多少喜欢独断专行，什么事情早就有自己的决定。经验告诉他，老板问他只是个形式，谁不想省钱。老板要买哪一种大家早就心知肚明，因此，他无精打采，说了不到五分钟就说没意见了。

若是往常，王先生总是会在这个时候大唱独角戏，享受那种权威感。但出人意料，王先生却说："工程师，我来重复你的要点，你看我说的跟你的意思是不是一样。日本的机器价格虽然便宜，东西也不错，可是，将来如果出了毛病，要他们来做售后服务，问题就来了。他们的人因为语言问题无法跟我们直接沟通，找来的翻译对精密仪器又是外行，机器坏在哪里，无法准确表达，这样还会耽误生产时间。如此算下来，买美国货还比较便宜！"

随着王先生的重复，工程师的眼睛渐渐亮了起来，他打起精神，再次补充，就这么你一言我一语的，大家滔滔不绝地讨论起来。

如果是要吵架，彼此只顾着反击对方就好了；如果想要解决问题，就应该诚心去理解对方的想法。在你阐明自己的观点或是反击之前，要把对方的意思消化一下。通常，这时你会发觉沟通变得更加顺畅。

2. 保证信息畅通和完整

团队成员间的信任不是人为或自发形成的，信任是诚心诚意营造出来的。要创造一个相互信任、有利于沟通的小环境，就要保证信息畅通和完整。

沟通存在一种位差效应。研究证明，在一个团队内部，来自领导层的信息只有20%~25%被下级知道并正确理解，而从下到上反馈的信息则不超过10%，平行交流的效率则可达到90%以上。进一步的研究发现，平行交流的效率之所以如此高，是因为平行交流是一种以平等为基础的交流。

在团队内建立平等的沟通渠道，可以大大增加领导者与下属之间的协调沟通能力，可以使上下级之间的信息形成较为对称的流动，信息在传递过程中发生变形的情况也会大大减少。因此，平等交流是团队有效沟通的保证。在团队中信息的交流主要有三种，上传、下达、平行交流。前两种是非平等交流，后一种总体上是一种平等交流。要想提高沟通的效率，就需要把平等的理念注入前两种交流形式中去。一个团队要实现高速运转，要让团队充满生机和活力，有赖于下情能为上知，上意迅速下达，有赖于成员之间互通信息，同甘共苦，协同作战。领导团队取得成功的方法是沟通、沟通、再沟通。

### 3. 及时、主动与上级沟通

在工作进行的过程中，要及时主动地与上级沟通。尽量不要等工作结束后，才将工作情况和盘托出。工作完成得出色，那你很庆幸，一旦工作完成得不够圆满，就会遭到上级的责备。

及时与上级沟通，可以让上级掌握你的工作进度，得到上级的指点。遇到难题与上级沟通，上级会帮你一把，给你增加一些资源，出一些好点子。这样，在上级的指导下，你可能就是完成任务最好的那一个。即使最后工作没有达成预期，上级因为早就知道状况，也不会有太大的心理落差。同时，主动与上级沟通也显示出你对上级的尊重。

### 4. 真诚地与人沟通

沟通是指向人的内心的，每个人都有自己的内心世界，每个人的内心都像上了锁的大门。很多人只知道有问题，却不能抓住问题的核心和根本。沟通的目的是要让对方明白你的想法或是达成共识。心与心交流，走进对方心里才是真正的沟通。你只有了解他的心，了解他的内心需求，才能找到开启他心灵的钥匙。这就需要理解、尊重、换位思考等。成功的沟通是要获取人心。

---

**✎ 小故事**

**走进它的心**

一把牢固的大锁挂在大门上，一根铁杆费了九牛二虎之力，还是无法将它撬开。钥匙来了，它瘦小的身子钻进锁孔，只轻轻一转，大锁就"啪"的一声打开了。

铁杆奇怪地问："为什么我费了那么大力气也打不开，而你却轻而易举地就把它打开了呢？"

钥匙说："因为我最了解它的心。"

如果团队成员之间产生矛盾或误解，就要直接找对方进行真诚沟通。正所谓解铃还须系铃人。直面问题的另一方需要一些勇气和毅力，很多人往往不愿意直接面对，常常选择逃避，期待问题会自动消失，事实上问题自动消失的可能性不存在。还有一些人采取三角沟通的办法，期待解决问题，但却大大疏远了与对方的关系。

> **小故事**
>
> **三 角 沟 通**
>
> 刚毕业的小朱和小牛在工作过程中，出现矛盾。小朱先向主管诉说、报怨，说小牛有多么不讲合作，结果主管就责备小牛并告诉小牛应该怎样做。不论两人之间的问题解决了没有，结果都会产生一样的负面影响，就是两位同事之间产生了隔阂。这就是三角沟通的结果。对于一个团队来说，三角沟通是团队建设的致命杀手。

## 思考与实践

1. 信息接力棒

从报纸或杂志上摘取一段 200~300 字、每个人都没有听过的小故事。将大家分成 5 人一组，并编号。

请每组的 1 号留下，其他人先离开；将故事念给各组的 1 号听，但不许他们记录和提问；接下来分别请各组的 2 号进来，让 1 号把他们听到的故事讲给 2 号听，2 号也不能记录和提问；然后 3 号进来，让 2 号把听到的故事讲给 3 号听，以此类推。

最后，请每组的 5 号复述他们听到的故事。

完成这个游戏后，思考一下：

(1) 每个传递者都会漏掉一些信息，他们漏掉最多的是哪些信息？

(2) 故事在传递过程中，是否出现了错误或人为篡改？

(3) 在日常生活中，你应当如何加强记忆和理解能力？

(4) 如何培养、锻炼职业人听的能力？

**我的思考：**

_____

_____

_____

_____

2. 阅读下面短文，思考一下，对你提高沟通技能有何启示。

孔子周游列国，专门向国君游说其施政纲领，所以，对如何与达官贵人们说话很有体会。他总结了三条准则："侍于君子有三愆：言未及之而言，谓之躁；言及之而不言，谓之隐；未见颜色而言，谓之瞽。"

孔子的意思是说："陪君子说话有三种过失：没有轮到自己说时，就先说了，这是急躁；该自己说了，却不说，这是错失良机；不看别人脸色，轻率开口说话，这叫睁眼瞎。"犯这三种毛病的人都没有把握住说话时机。

**我的思考：**

_____

_____

_____

3. 通过学习本章，想一想，在生活、学习中，如何提高和改善与同事沟通的技能？如何提高和改善与上级沟通的技能？

**我的思考：**

# 第9章 培养企业文化素养

现代企业管理已进入文化管理时代。在现代企业中,更重要的是靠共同价值观引导员工行为,要求员工认同企业的愿景和价值观并将之作为自觉的行为规范。企业对新员工的要求更加注重理解和认同企业的文化。职业人较为系统地了解企业文化的基本常识,在进入企业后能够自觉地用企业文化理念规范、引导自己的行为,有利于自己在进入企业后顺利地融入企业的文化氛围。

## 第一节 企业文化是管理的高级阶段

### 一、企业管理的发展历程

企业为有效地达到一定目标,就需要组织员工进行共同劳动,也就是要对所拥有的人力、物力、财力、技术、时间、信息等资源进行有效的计划、组织、人员配备、领导、控制、决策、激励与创新,这就是企业管理。企业规模越大,技术越复杂,社会化联系越广泛,管理就越重要。

## 职业素养

早期的企业规模较小，由创业者所统治，企业的业绩主要取决于领导人的风格和经验。这种小生产经营方式的管理，一般称为经验管理。但是，随着生产规模和技术的发展，这种方法越来越不能满足大型企业管理的需要。

从 20 世纪开始，工业革命所产生的自动化和计算机技术对人类生产产生了深远影响。企业规模不断扩大，生产技术更加复杂，竞争空前激烈，迫切要求提高企业的管理水平，促使企业管理进入到科学管理阶段。科学管理主要强调如何提高单个人的生产率。其主要成就是：制定出一个工人合理的日工作量；使工人掌握标准化的操作方法，使用标准化的工具；挑选一流的员工，使其工作能力与工作相适应；实行差别计件工资制；实行计划职能与执行职能相分离。科学管理推崇的是企业管理的标准化、制度化和科学化，把人单纯地理解为经济人，而不是社会人，在组织劳动过程中，把人当作机器来使用。

 链接

### 铁锹试验

以标准化管理为例，科学管理之父泰勒曾实施了铁锹试验。在当时伯利恒钢铁公司的铲运工人，要拿着自家的铁锹上班。这些铁锹大小不等，各式各样。堆料场中的物料有铁矿石、煤粉、焦炭等，每个工人的日工作量为 16 吨。泰勒经过观察发现，由于物料的比重不一样，铁锹的负载也大不一样。如果说是铁矿石，一铁锹有 38 磅重；如果说是煤粉，一铁锹的重量只有 3.8 磅重。那么，一铁锹到底负载多少才合适呢？经过反复试验，最后确定一铁锹负载 21 磅重，对工人来讲是最合适的。根据试验结果，泰勒针对不同的物料，设计不同形状和规格的铁锹。以后工人上班都不再自带铁锹，而是根据物料情况从公司领取特制的标准铁锹，工作效率大大提高。伯利恒钢铁公司的铲运工人数由 400~600 名降到 140 名。

科学管理虽然极大地提高了劳动生产率，推动企业实现了标准化、制度化和科学化的管理，但是，在企业发展的过程中，科学管理也显现出明显的缺陷，主要是把人当作机器安排在生产线上，造成人的潜能在严格的约束下不能完全发挥，同时，制度本身面对快速变化的生产和竞争形势，总会显露出不完备的地方。

### 小故事

#### 你会关同事的窗子吗？

有一个企业，几个车间都是在同一厂房里面，先下班的一批工人忘记关自己负责片区的窗子，晚下班的工人关好了自己的窗子后，在看见厂房还有其他窗子没有关的情况下，还是选择了下班，碰巧被夜间值班管理人员发现，管理人员就问工人，关窗子是为了什么？工人回答，为了设备和产品的安全。管理人员又问，厂房是相通的，窗子没有全部关闭能起到这种作用么？工人回答，根据制度，我只负责自己生产片区的窗子，其他的我管不了。

这时制度已经弥补不了由于工人忘记关窗而有可能给企业带来损害的缺陷。要使企业免受损失，就要以维护企业整体利益的价值观来引导和规范员工的行为。在完善制度管理的同时，进一步强调用共同遵守的价值观引导、规范员工的思维方式和行为方式，这就是文化管理。

现代企业不仅要制定科学规范的管理制度，而且还要自觉地打造独特的企业文化。

## 二、企业文化的传播形式和作用

### (一) 什么是企业文化

当制度的规定与企业发展的愿景目标发生冲突时,应当如何解决呢?这就更需要用全体员工共同遵守的价值观,也就是在特定文化氛围下,形成的全体员工共同的思维方式和行为方式来进行调节。企业文化就是企业成员所共同拥有的行为方式、共同的信仰和价值观。企业文化是通过长期经营与培育而形成的一种有别于其他企业,能反映本企业特有经营管理风格,被企业员工共同认可和自觉遵守的价值观念与行为规范。文化管理已成为现代企业增强核心竞争力,保障企业基业长青的根基。企业文化的实质是团队精神和高效执行力。

### (二) 企业文化的传播形式

企业文化以多种形式在员工中进行传播,久而久之,在员工中起到潜移默化的教育和引导作用。主要的传播形式有以下三种。

1. 故事传播

很多企业将成长、发展过程中发生的故事在员工中进行传播,能够起到借古喻今的作用,还可以为目前的企业政策提供解释和支持,帮助员工较快地理解和认同企业的行为方式和价值观。

**没卖过的轮胎也可退货**

诺斯拉姆公司是一家零售连锁店,初创时期,发生过一个故事。有一天,一个顾客来到商店想退掉一副汽车轮胎,售货员不太清楚自己应该怎样处理这个问题。就在顾客与售货员交谈时,诺斯拉姆先生路过此处,并听到了谈话内容。他立刻走过去,问顾客花多少钱买的这副轮胎。然后,让售货员收回轮胎,把钱全数退给顾客。

顾客拿着钱离开后,这位售货员一脸困惑地看着诺斯拉姆先生说:"我们没有卖过轮胎呀!"

诺斯拉姆先生说:"我知道,但无论如何我们要让顾客满意。我说过,顾客退货时,我们不提任何问题。这是我们的退货制度,必须做到这一点。"

诺斯拉姆先生又打电话给一个在汽车配件厂的朋友,问他愿意花多少钱拿走那副轮胎。

在诺斯拉姆公司的老员工特别喜欢向新员工谈论这个故事,使新员工能够真正理解公司的顾客退货制度,较快地熟悉公司的管理文化。

2. 仪式传播

仪式是一系列活动的重复。这些活动能够表达并强化组织的核心价值观,即什么目标是最重要的,哪些行为是企业倡导的,哪些行为是企业禁止的。

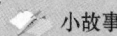 小故事

**年终奖大会**

玛丽·凯化妆品公司的年终奖大会既像马戏团表演,又像美国小姐大选。大会

> 在一个大礼堂的舞台上举行,一般持续几天。台下是一大群欢呼雀跃的人,与会者都身着漂亮的晚礼服。达到销售指标的女售货员会得到一些精美的奖品。年会公开地奖励销售业绩突出的员工,从而起到激励员工的作用。以年会形式告诉员工,通过努力工作和足够的勇气,每个员工都能获得成功。

### 3. 语言传播

许多企业在其发展历程中,往往形成了自己特有的专用名词,用来描绘与业务有关的设备、办公室、关键人物、供应商、顾客、公司产品等。一些企业所用的术语有一部分是外界人所不了解的。他们在谈话中会不时地使用一些缩略语、行话等。新员工起初会感到困惑不已。学会这些语言,说明员工已经接受了这种文化,有助于员工坚持这种文化蕴含的价值观。

### (三) 实施文化管理的作用

企业的组织结构是其有效运转的实体框架,企业的制度和规范是保证其正常有序,沿着既定方针、目标运行的基础。企业制度所约束和管理的对象是人,但只是约束人们的行为,能够起到预防和警示作用,却不会对人们产生激励和聚合作用。人的心理、认识支配着人们的主观能动性,人们在得到一定层次的心理满足后,会产生巨大的外在行为驱动力。而这一满足是通过内在的文化氛围的影响,通过企业与员工之间的相互信任和企业对员工需求最大的满足来实现的。这种文化氛围的建立就是通过文化管理而实现的。文化管理成为企业生存和发展壮大的灵魂,规范和指导着企业的一切活动。优秀企业文化管理的作用有以下三点。

1. 形成高效的管理机制

优秀的企业文化能够成为影响组织成员行为的有效管理机制，起到协调组织成员为实现共同目标而努力工作的作用。企业员工愿意自觉地遵守企业的价值准则和行为规范，将比采取其他控制手段更理想、更有效。因为强制命令虽然也能迫使成员改变其行为，但却是不自觉的行为，工作效率必然很低。

2. 形成良好的工作氛围

在具有良好文化氛围的环境中工作，可以使人心情舒畅、精神振奋、充满生机，有较强的满足感和自我实现意愿。在良好的工作氛围中，人力资源的潜力可以得到充分发挥和利用，激励员工自觉地为企业的发展贡献创造力。

3. 对企业发展起到强大推动作用

优秀企业文化能够带动员工树立明确的目标，并在实现目标的过程中保持步调一致。共享的价值观和行为方式，激励员工为实现共同愿景而努力奋斗。

美国知名管理行为和领导科学权威约翰·科特教授与其研究小组，用了11年的时间调查企业文化对企业经营业绩的影响，结果表明：重视企业文化管理的公司与不重视企业文化管理的公司11年的总收入增长率，前者为682%，后者为166%，公司净收入前者增长756%，后者只增长1%。

## 第二节　培养企业文化素养的主要途径

### 一、树立正确的价值观

每个人从小就从父母、老师、朋友或其他人那里得到了关于什么是正确、什么是错误的基本信条，不断地形成和发展自己的价值观。职业人必须努力培育和践行社会主义核心价值观，为顺利适应现代企业文化管理奠定价值观基础。

富强、民主、文明、和谐，自由、平等、公正、法治，爱国、敬业、诚信、友善。这24个字是社会主义核心价值观的基本内容，为职业人培育和践行社会主义核心价值观提供了基本遵循。

每个时代都有每个时代的精神，每个时代都有每个时代的价值观。国有四维，礼义廉耻；"四维不张，国乃灭亡。"在当代中国，我们的民族、我们的国家应该坚守什么样的核心价值观？这个问题是一个理论问题，也是一个实践问题。富强、民主、文明、和谐是国家层面的价值要求；自由、平等、公正、法治是社会层面的价值要求；爱国、敬业、诚信、友善是公民层面的价值要求。这个概括，实际上回答了我们要建设什么样的国家、建设什么样的社会、培育什么样的公民的重大问题。

社会主义核心价值观也是现代企业构建核心价值理念，实施文化管理的基本指南。职业人要顺利地实现自己的职业梦想，必须按照社会主义核心价值观的要求规范自己的思想和行为，在实践中感知它、领悟它，在落细、落小、落实上下功夫，达到内化为精神追求，外化为自觉行动的目标。

## 二、培养团队合作精神

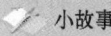小故事

**团队的力量**

在非洲的草原上如果见到羚羊在奔跑，那一定是狮子来了；如果见到狮子在躲避，那就是象群发怒了；如果见到成百上千的狮子和大象等动物集体逃命的壮观景象，那是什么来了？蚂蚁军团！单个的蚂蚁微不足道，但作为一个团队，却让草原之王惊恐万状。这就是团队的力量！

团队合作精神，是指团队的成员为了共同的利益和目标而相互协作、尽心尽力的意愿和作风。具体而言，团队是一群人以任务为中心进行合作，每个人都要把自己的智慧、能力和力量贡献给正在从事的工作。团队体现出一种团结、合作的特征。具有团队合作精神的成员组合在一起会产生 1+1>2 的效果，否则相反。

链接

**雁 行 理 论**

大雁是排成一字形或人字形来飞翔的。一字形用于风和日丽、没有压力的时候。排成人字形飞翔时，领头雁在前面飞翔，它猛烈地扇动翅膀，在翅膀下边形成一个相对真空的环境。这样跟在它后边的一只大雁就会占领这个位置，飞行的阻力就小了。每只大雁都借助到前面大雁的力量，唯独领头雁没有。但是在雁阵中，领头雁是交替的。那也就意味着在这个团队中，每一只大雁都借助到了前面一只大雁的力

> 量。科学家的风动实验表明,当雁阵成群往前飞的时候,它是单只大雁飞行速度的1.71倍。这就是著名的雁行理论,是团队建设的仿生学理论。

现代企业都将团队合作精神作为企业文化建设的主要内容。职业人自觉地培养团队合作精神,是进入职场后所必须要具备的基本素养。如何有目的地培养自己的团队合作精神呢?主要应从以下几方面不断地学习和锻炼。

### (一) 要树立团队利益高于个人利益的观念

"皮之不存,毛将焉附。"团队精神不反对个性张扬,但个性必须与团队的行动一致,要有整体意识、全局观念,要考虑整个团队的需要,并不遗余力地为整个团队的目标而共同努力。一个人没有团队精神将难成大事,一个集体如果没有团队精神将成为一盘散沙,一个企业如果没有团队精神也将难以强大。

### (二) 要学会相互协作

团队的效率在于每个成员的默契配合,最主要的是扬长避短。要愉快地协作,就要学会相互尊重和信任。尊重他人就是要做到平等待人,有礼有节。既尊重人,又尽量保持个性。尊重能为一个团队营造出和谐融洽的气氛,使团队资源形成最大程度的共享。团队是一个相互协作的群体,它需要团队成员之间建立相互信任的关系。信任是合作的基石,没有信任,就没有合作。信任是一种激励,信任更是一种力量。

### (三) 要养成诚信和负责的品质

古人云:人无信则不立。诚信,是做人的基本准则,也是作为一名团队成员所应具备的基本品质。要坦诚地面对自己的错误和失误，要敢于负责，同时也要对团队成员负责，并将这种负责精神落实到每一个工作的细节之中。要做到诚信和负责，就要善于沟通，勤于沟通，从而使成员之间相互了解和相互欣赏。

## 三、培养执行能力

> **小故事**
>
> **执行就是一切**
>
> 东北一家国有企业破产，被国外一个财团收购。厂里的人都翘首盼望着外方能带来让人耳目一新的管理办法。出人意料的是，外方人员来了，却什么都没有变。制度没变，人没变，机器设备没变。外方就一个要求：把先前制定的制度坚定不移地执行下去。结果怎么样？不到一年，企业扭亏为盈。
>
> 国外财团的绝招是什么？执行，无条件地执行。为什么伟大的愿望和实际成果之间总有很大的距离？为什么我们种下的是龙种，收获的却是跳蚤？一切的关键在于执行。

执行力是企业的核心竞争力。一个优秀的员工必定具有高效执行力。执行就是不折不扣地得到结果。执行力就是积极主动、保质保量、按时完成目标结果的能力。打造高效执行力是企业文化管理的核心内容。员工必须培养锻炼自己的执行力。

### （一）执行没有任何借口

"执行，没有任何借口。"这是每位职业人最基本、最重要的职业素养。如果仔细观察，不难发现，在人们的周围到处充斥着种种借口，为自己没有完成工作，没有把工作做到位，为工作中出现错误等推脱责任。而且人们还会发现，这些人永远不可能得到公司的重用，永远不能成为优秀的员工。

借口是一种不好的习惯，一旦养成了找借口的习惯，你的工作就会没有效率。抛弃找借口的习惯，你可以学会解决问题的技巧。这样借口就会离你越来越远，而成功离你越来越近。没有任何借口是执行力的表现。无论做什么事情，都要记住自己的责任，无论在什么样的工作岗位，都要对自己的工作负责。工作就是不找任何借口地去执行。

> **小故事**
>
> **送 信**
>
> 借口的实质是推卸责任。要想成功，不是靠借口，而必须是积极主动地去想办法、解决问题。1881年毕业于西点军校的安德鲁·罗文，在美西战争爆发时，接受了一项重要的军事任务：把信送给加西亚。他因完成了这项重要军事任务而被授予杰出军人勋章，同时也成为绝对服从的表率。美西战争爆发后，美国必须立即与西班牙的反抗军首领加西亚取得联系，而加西亚却在无人知道确切地址的古巴丛林中。美国总统必须尽快与他合作，因此，需要有人送信给他。罗文接到这个任务，没有问"他在什么地方"，也没有任何报怨，而是接受了命令就尽一切努力去完成。他穿越丛林、海洋，徒步走过危机四伏的国家，终于把信交给了加西亚。

## （二）认真做事

培养执行力就要在内心建立一个信念，世界上的事只有认认真真、踏踏实实地做，才可能换来成功。一个真正认真负责的人一定是认真做事的人。如果企业规定桌椅每天必须擦洗6遍，有的人会严格按照规定的标准进行擦洗，而有的人在过一段时间后，认为擦洗5遍也看不出来,后来又想擦洗4遍、3遍,最后,就会隔几天再擦洗一遍。这就是在做事过程中耍小聪明,这种人迟早会被淘汰。

在评价一个人的执行力方面,一般是遵循"认真第一,聪明第二"的原则。有些人总是喜欢动点"聪明"的小脑筋,以为因此可以什么事都搞定,然而却常常在关键时刻出现失误。

### 小鲁班的小聪明

有个精于建筑工艺的木匠,一辈子不知道建造了多少座精美的木房子,因此,大家尊称他为"小鲁班"。一过几十年,小鲁班也到了该退休的年龄,于是有一天他告诉老板,说自己准备退休,打算回家与妻儿安度晚年。

老板显然是舍不得自己得意的工匠走,于是问他是否能帮忙再建一座房子。小鲁班心想如果自己继续认真造房子,估计老板会不让自己回家养老,于是口头上虽然答应了下来,但是心里却打好了一个"聪明"的小主意。

虽然房子如期开始建造,但是大家都看得出来,小鲁班的心早已不在工作上,他用的是软料,出的是粗活。他懒洋洋地刨土,松散散地打桩,拖了4个月的时间才把房子给建好。如果是以前,精工细做也才只要2个月的时间。

房子建好后,小鲁班锁了门窗,就拿着钥匙向老板去交差:"老板,最后一座房子我也给你建好了,这下我可以回家了吧?"

老板看着小鲁班脸上疲惫的表情,拍拍他的肩膀,把那串钥匙郑重地交还给小鲁班，而且认真地说："你在这里工作一辈子，这座房子就算是我送给你的退休礼物吧！"

听到这句话，小鲁班一时目瞪口呆，但是老板并没有开玩笑。可是，一想起自己当初造这座房子时的马虎态度，小鲁班顿时又是羞愧，又是后悔。从此，小鲁班一家人就在这幢粗制滥造的房子里住着，体验着自己最后的"小聪明"和"不认真"带来的漏雨和漏风。

要认真做事，就必须关注细节。有些人总想着做大事，而不愿意或者不屑于做小事。但事实上，能做大事的实在太少，多数人的多数情况总是只能做一些具体的事、琐碎的事、单调的事，也许过于平淡，但这就是工作，是生活，是成就大事不可缺少的基础。天下大事，必作于细；天下难事，必成于易。泰山不拒细壤，故能成就其高；江海不择细流，故能成就其深。所以，细节决定成败。

要想把事情做成功，就要学习和掌握正确的做事方法。在一般情况下，遇到一件事情，可以采取"5W2H"的方法进行处理。具体步骤是：

What：要做的是什么？

Why：为什么这个事情是必须要做的？

Where：在哪里做这个事情？

When：什么时间做？各阶段的时间顺序是什么？

Who：需要谁来做这个事情？

How：如何来做？最好的方法是什么？

How much：做到什么程度？成本是多少？

## 四、主动适应企业文化氛围

人的一生就是一个不断适应的过程。因为，社会在快速发展，人们的生活环境在不断变化。进入企业，面对新的环境，必须先学会主动适应。

为了能够尽快融入企业，必须学会观察。因为每个企业几乎都有一套成文或不成文的关于言行举止的要求。刚进入企业，需要尽快弄清楚哪些规章制度是明文规定必须严格遵守的，哪些是不成文的规定。有些不成文的规定可能更能体现企业的文化管理特征。

刚进入企业时要耐得住"平淡"，要持有先做"学习者"的心态，要抱着"多做小事，少发阔论"的心态，要有一种从零做起的心态，要主动向老员工了解企业的发展历程、经营的特点和行为方式，要在谦虚行事的过程中，主动融入企业的文化氛围，促使自己的职业生涯不断取得优异成绩。

### "蘑菇"的经历

蘑菇管理这一说法来自 20 世纪 70 年代一批年轻的电脑程序员的创意。由于当时许多人不理解他们的工作，持怀疑和轻视的态度，所以，年轻的电脑程序员就经常自嘲过着"像蘑菇一样的生活"。

蘑菇管理其实是许多企业对待初出茅庐者的一种管理方法。初学者被置于阴暗的角落，被安排在不受重视的部门，或做打杂跑腿的工作；经常会受到无端的批评、指责、代人受过；任其自生自灭，得不到必要的指导和提携。

卡莉·费奥丽娜从斯坦福大学法学院毕业后，从事的第一份工作是在一家地产经纪公司做接线员。她每天的工作就是接电话、打字、复印、整理文件。尽管父母和朋友都表示支持她的选择，但很明显这并不是一个斯坦福毕业生应有的追求。她毫无怨言，在简单的工作中积极学习。一次偶然的机会，几个经纪人问她是否还愿意干点别的什么，于是她得到了一次撰写文稿的机会。就是这次机会使她的人生从此改变。这位卡莉·费奥丽娜就是后来惠普公司的CEO（首席执行官）。

一个企业一般对新入职的人都一视同仁，无论你是多么优秀的人才，都只能从最简单的事情做起。"蘑菇"的经历，对于成长中的职业人来说，就像蚕茧，是羽化前必须经历的一步。

## 思考与实践

1. 背诵24字社会主义核心价值观的基本内容，并以"爱国、敬业、诚信、友善"为主题，写一篇体会。

**我的体会：**

_____

_____

_____

_____

2. 阅读下面短文，说说对你有何启示。

在远古的时候，上帝创造了人类。随着人的增多，上帝开始担忧，他怕人类不团结，会造成世界大乱，从而影响他们稳定的生活。为了检验人们之间是否具备团结协作、互帮互助的意识，上帝做了一个试验：他把人类分为两批，在每批人的面前都放了一大堆可口美味的食物，但是，却给每个人发了一双细长的筷子，要求他们在规定的时间内把桌上的食物全部吃完，并不许有任何的浪费。

试验开始了，第一批人各自为政，只顾拼命地用筷子夹取食物往自己的嘴里送，但因筷子太长，总是无法够到自己的嘴，而且因为你争我抢，造成了食物的极大浪费。上帝摇了摇头，感到失望。

轮到第二批人开始了，他们一上来并没有急着要用筷子往自己的嘴里送食物，而是大家一起围坐成了一个圆圈，先用自己的筷子夹取食物送到坐在自己对面人的嘴里，然后，由坐在自己对面的人用筷子夹取食物送到自己的嘴里。就这样，人们在规定时间内吃掉了整桌的食物，丝毫没有造成浪费。第二批人不仅享受了美味，而且获得了更多彼此的信任和好感。上帝看了，点了点头，感到了希望。

最后，上帝在第一批人的背后贴上五个字，"利己不利人"；而在第二批人的背后贴上另外五个字，"利人又利己"！

**我的启示：**

_____

_____

_____

_____

# 第10章

## 规划职业生涯，实现职业梦想

### 第一节　职业生涯规划指明奋斗目标

#### 一、什么是职业生涯

**毛毛虫与苹果**

毛毛虫都喜欢吃苹果，有四只要好的毛毛虫，长大后各自到森林里找苹果吃。

第一只毛毛虫，跋山涉水，终于来到一棵苹果树下。它根本就不知道这是一棵苹果树，也不知树上长满了红红的、可口的苹果。当它看到其他的毛毛虫往上爬时，稀里糊涂地就跟着往上爬。没有目的，不知终点，更不知自己到底想要哪一种苹果，也没想过怎么样去摘取苹果。它最后的结局会怎样呢？也许找到了一个大苹果，幸福地生活着；也许在树叶中迷了路，过着悲惨的生活。

第二只毛毛虫，也爬到了苹果树下。它知道这是一棵苹果树，也确定它的目标就是找到一个大苹果。问题是它并不知道大苹果会长在什么地方。它只是猜想：大苹果应该长在大树枝上吧！于是它就慢慢地往上爬，遇到分枝的时候，就选择较粗的树枝继续爬。按这个标准，它一直往上爬，最后终于找到了一个"大"苹果。这只毛毛虫刚想高兴地扑上去大吃一顿，放眼一看，却发现这个"大"苹果是全树上最小的一个，上面还有许多更大的苹果。更令它泄气的是，如果上一次选择另外一个分枝，它就能得到一个大得多的苹果。

第三只毛毛虫，也到了一棵苹果树下。这只毛毛虫知道自己想要的就是大苹果，并且研制了一副望远镜。它在还没有开始爬时就先用望远镜搜寻了一番，找到了一个很大的苹果。同时，它发现当从下往上找路时，会遇到很多分枝，有各种不同的爬法；但若从上往下找路时，却只有一种爬法。它很细心地从苹果的位置，由上往下反推至目前所处的位置，记下这条确定的路径。于是，它开始往上爬了，当遇到分枝时，它一点也不慌张，因为它知道该往哪里爬，而不必跟着一大堆毛毛虫去挤破头。按照设想，这只毛毛虫应该会有一个很好的结局，但是真实的情况却是，当毛毛虫抵达时，苹果不是被别的毛毛虫捷足先登，就是苹果已熟透烂掉了。

第四只毛毛虫，有自己的规划。它知道自己要什么苹果，也知道苹果将怎么长大。因此，当它带着望远镜观察时，它的目标并不是一个大苹果，而是一朵含苞待放的苹果花。它计算着自己的行程，估计当它到达的时候，这朵花正好长成一个成熟的大苹果。结果它如愿以偿，得到了一个又大又甜的苹果，从此过着幸福快乐的日子。

第一只毛毛虫，是只毫无目标、一生盲目，没有自己一生规划的糊涂虫，不知道自己想要什么。遗憾的是，有一部分人就是像第一只毛毛虫那样活着。

第二只毛毛虫，虽然知道自己想要什么，但是它不知道该怎么去得到苹果，它作出了一些看似正确却使它渐渐远离大苹果的选择。

第三只毛毛虫，有非常清晰的人生规划，也能作出正确的选择，但是，它的目标过于远大，而自己的行动过于缓慢，机会不等它。如果制订一个适合自己的计划，也许第三只毛毛虫的命运会好很多。

第四只毛毛虫，它不仅知道自己想要什么，也知道如何去得到自己的苹果，以及得到苹果应该需要什么条件，然后制订清晰实际的计划，一步步实现自己的理想。

其实，人也像一只毛毛虫，而苹果就是一个人职业成功的目标。爬树的过程就是人们职业生涯的奋斗过程。毕业后，青年人都得在职业生涯奋斗的历程中去寻找未来，完全没有或不切实际的规划注定是要失败的。

现代社会，规划决定命运。有什么样的规划就有什么样的人生。青年人的时间非常有限，越早规划你的人生，你就能越早成功。要想实现自己的人生目标，就要先从做好自己的职业生涯规划开始。

## （一）职业生涯的几个阶段

职业生涯是指人的一生中的职业历程，即一个人一生的职业、职位的变迁以及职业理想的实现过程。

职业生涯是贯穿职业历程的漫长过程，完整的职业生涯发展主要包括以下阶段。

1. 成长阶段

这一阶段人处于0~14岁。人开始逐渐认识自己是什么样的人，同时对工作和工作的意义有初步的理解。具体可分为，幻想期（4~10岁），需要占统治地位；兴趣期（11~12岁），个人喜好起决定作用；能力期（13~14岁），开始考虑自己的能力及工作要求。

2. 探索阶段

这一阶段人处于15~24岁。人开始探索各种可能的职业选择，对自己的能力和天资进行现实评价，并根据未来的职业选择作出相应的教育决策，完成择业及最初就业。具体可分为，尝试期（15~17岁），明确自己的职业偏好；过渡期（18~21岁），明确自己的职业倾向；初步承诺期（22~24岁），实现一种职业倾向，了解更多机会。

3. 建立阶段

这一阶段人处于25~44岁。人开始发现自己喜欢所从事的工作，学会与他人相处，巩固已有职场地位并力争提升，使现有职位得到保障，在一个永久性的职位上稳定下来。具体可分为，承诺和稳定期（25~30岁），确保一个相对稳定的位置；提升期（31~44岁），取得业绩，资历逐渐加深。

4. 维持阶段

这一阶段人处于45~64岁。人开始接受自己的缺点，判断需要解决的问题，致力于最重要的活动，维持并巩固已获得的地位。

5. 衰退阶段

这一阶段人处于65岁以后。人开始发现非职业角色，做自己期望做的事，缩减工作时间。

### （二）职业生涯规划的意义和方法

为了确定人生的发展目标，准确评价个人特点和优势，评估个人目标与现状的差距，准确定位职业发展方向并不断增强职业竞争力，就需要制订职业生涯规划。职业生涯规划就是个人根据自身的主观因素和客观条件，确立自己的职业生涯发展目标，选择实现目标的职业，制订和安排相应的教育、培训、工作计划并付诸行动的过程。

一般情况下，职业生涯规划的期限可划分为短期规划、中期规划和长期规划。短期规划，规划5年内完成的目标与任务；中期规划，规划10年内的目标与任务；长期规划，规划10年至20年及以上的较长远的目标与任务。

制订职业生涯规划有以下原则。

★ 可行性原则。

规划要有事实依据，不能把美好幻想当作规划，否则将会延误生涯发展的机会。

★ 适时性原则。

规划是预测未来的行动，确定将来的目标。因此，各项主要活动，何时实施、何时完成，都应有时间和顺序上的妥善安排，以作为检查行动的依据。

★ 适应性原则。

规划未来的职业生涯目标，牵涉多种可变因素，因此，规划应有弹性，以增加其适应性。

★ 连续性原则。

规划应考虑其发展的可持续性、连续性，努力使各发展阶段有效衔接。

## 二、制订职业生涯规划的步骤

### (一) 确定志向

志向是事业成功的基本前提,没有志向,事业的成功也就无从谈起。俗话说:"志不立,天下无可成之事。"立志是人生的起跑点,反映着一个人的理想、胸怀、情趣和价值观,影响着一个人的奋斗目标及成就的大小。因此,在制订职业生涯规划时,首先要确立志向,这是制订职业生涯规划的关键,也是一个人职业生涯发展中最重要的一点。

### (二) 进行自我评估

自我评估的目的是认识自己、了解自己。因为只有认识自己,才能对自己的职业作出正确的选择,才能选定适合自己发展的职业生涯路线,才能对自己的职业生涯目标作出最佳抉择。自我评估的内容包括自己的兴趣、特长、性格、学识、技能、智商、情商、思维方式、思维方法、道德水准以及社会中的自我等。

### (三) 进行职业生涯环境评估

职业生涯环境评估,主要是评估各种环境因素对自己职业生涯发展的影响。每一个人都处在一定的环境之中,离开了环境,便无法生存与成长。所以,在制订个人的职业生涯规划时,要分析环境条件的特点,环境的发展变化情况,自己与环境的关系,自己在这个环境中的地位,环境对自己提出的要求以及环境对自己有利的条件与不利的条件等。只有对环境因素充分了解,才能做到在复杂的环境中趋利避害,使职业生涯规划具有实际意义。环境因素评估的内容主要包括：组织环境、政治环境、社会环境、经济环境。

（四）进行职业选择

职业选择正确与否，直接关系到人生事业的成功与失败。据统计，在选错职业的人当中，有80%的人在事业上是失败者。正如人们所说的"女怕嫁错郎，男怕选错行"。由此可见，职业选择对人生事业发展是何等重要。进行职业选择，主要应考虑的方面有性格与职业的匹配、兴趣与职业的匹配、特长与职业的匹配、内外环境与职业的匹配。

（五）选择职业生涯路线

一个人在确定职业后，向哪个路线发展，须作出抉择，以便使自己的学习、工作以及各种行动措施沿着预定的路线前进。通常职业生涯路线的选择须考虑的问题有：我想往哪一方向发展？我能往哪一方向发展？我可以往哪一方向发展？对这三个问题进行综合分析，以此确定自己最佳的职业生涯路线。

（六）设定职业生涯目标

职业生涯目标的设定是职业生涯规划的核心。一个人事业的成败，很大程度上取决于有无正确适当的目标。没有目标如同驶入大海的孤舟，没有方向，不知道自己该走向何方。只有树立了目标，才能明确奋斗方向。职业目标犹如海洋中的灯塔，引导你避开险礁暗石，走向成功。

（七）制订行动计划与措施

在确定了职业生涯目标后，行动便成了关键环节。没有达成目标的行动，目标就难以实现，也就谈不上事业的成功。在工作方面，你计划采取什么措施提高工作效率；在业务素质方面，你计划学习哪些知识、掌握哪些技能以提高业务能力；在潜能开发方面，采取什么措施开发你的潜能。所有这些方面都要有具体的计划与明确的措施并付诸行动。这里所讲的行动，主要包括工作、培训、轮岗等方面的具体措施。

### （八）评估与回馈

俗话说："计划赶不上变化。"影响职业生涯规划的因素很多。有的变化因素是可以预测的，而有的变化因素难以预测。要使职业生涯规划行之有效，就必须不断地对职业生涯规划进行评估与修订。职业生涯规划修订的内容主要包括职业的重新选择、职业生涯路线的重新选择、人生目标的重新修正、实施计划与措施的变更等。

## 第二节　实现顺利就业的主要途径

每个人都需要根据自己的职业生涯规划进行职业选择，踏上实现职业梦想的征途。因此，不管是在进入职场前，还是在工作中准备转行或转岗前，都应当学习和锻炼选择职业、实现更好就业的能力。

### 一、收集整理就业信息

#### （一）收集招聘信息

收集就业信息的途径主要有以下几种。

1. 职业介绍机构

职业介绍机构主要分为两类：由政府部门举办的公共就业服务

机构，是公益性服务单位，对未就业人员免费提供政策法律咨询、职业供求信息、职业指导、职业介绍等服务；由法人、其他组织或公民个人等举办的职业中介机构，一般是经营性组织，进行职业介绍要收取费用。

2. 亲朋好友

未就业人员的亲朋好友在不同的行业工作，他们十分了解自己工作的单位，知道本单位哪个部门需要人、工资待遇如何。所以，这也是未就业人员获取就业信息的一个重要渠道。

3. 政府教育主管部门与就业指导部门

目前，县级以上的教育和人社部门都成立了就业的管理机构或指导机构。这些部门会定期收集所在地用人单位的需求信息，经过整理，分单位和专业汇编成册，然后通过多种渠道发布出去。这些信息几乎涵盖了当地各行业的需求信息。对于有明确就业地域要求的毕业生或未就业人员来说，这种渠道的就业信息显得尤为重要。

4. 供需见面会及人才市场

各地区举办的主要面向本地区的用人单位和求职人员的供需见面会及定期举办的人才市场招聘会，能在较短的时间内汇集众多用人单位和大量的需求信息。对未就业人员来说，供需见面会及人才市场具有很强的针对性。

5. 互联网

有些网站以就业政策咨询为主，有些网站以提供就业需求信息为主，还有些网站为毕业生介绍求职经验，提供就业指导，帮助未就业人员进行职业生涯规划分析。有些用人单位的招聘信息会在微博、微信公众号中发布。

6. 报刊、广播、电视等新闻媒体

一些用人单位的简介、需求信息、招聘启事等都会在当地主要媒体登出、播报，或在报纸辟出专栏登载招聘信息。

### （二）分类整理招聘信息

对于收集到的就业信息，未就业人员应对它们进行分类、分析。把这些信息分门别类地进行整理，以方便使用时快速找到，从而使信息发挥其应有的作用。

招聘信息可按专业进行分类，即根据招聘单位的所有制特点、专业性质，对专业要求、学历程度、特殊要求等进行分类。然后，以自己的现实条件和求职意向为标准进行排序。

整理招聘信息也可按地域分类，即根据招聘单位所在地区进行整理分类、排序。

## 二、学习掌握应聘技能

### （一）掌握自荐信撰写技能

为获得一份理想的职业，经多方面搜集就业信息并进行认真比较后，在确定自己求职目标的基础上，接下来就要制作一份精美的求职材料。求职材料一般包括求职信、个人简历、推荐信及相关证件、身份证的复印件。制作一套出色、完善的求职材料是求职和开启事业之门的钥匙。因为这套材料是在"双向选择"过程中预先让企业了解你、认识你的媒介。

1. 求职信的书写格式

求职信是求职者推荐自己的过程中最关键的环节之一，是迈出求职的第一步。通过写求职信的方式向企业宣传自己、展示自己，能使用人单位对求职者有初步的了解，以便根据需要决定是否录用。所以，在很大程度上，求职信书写的质量决定了求职者能否顺利进入用人单位的初步人选范围。

求职信属于书信，其基本格式也应当符合书信的一般要求。主要包括收信人称呼、正文、结尾、署名、日期和附录等方面的内容。

2. 求职信写作要求

称呼应顶格并用尊称。如：尊敬的××先生或经理。

正文每段首行应空2字。求职信的中心部分是正文，形式多种多样，主要是介绍自己与应聘职位相关的知识、技能、工作或实习经历以及取得的其他方面的成绩。

求职信结尾部分一般应表达两个意思：一是希望对方给予答复，并盼望能够得到参加面试的机会；二是表示敬意、祝福之类的词语。最重要的是别忘了在结尾处认真写明自己的详细地址、邮政编码和联系电话。

写求职信时要通过多种渠道尽可能多地了解招聘单位的基本情况，特别是发展现状。只有这样，才能表达出你现在能为招聘企业做什么，将来能为招聘企业做什么，才能表达出你对招聘企业的了解和关心，从而赢得招聘企业对你的好感。

求职信是一种功能性很强的应用文体，要求必须清晰简洁、重点突出、具有特色。

求职信的篇幅一般不超过一页，同时，还要特别注意用语得当，文法和标点符号准确，杜绝错别字。

求职信的附录，一般是将你的简历及其他有关能力证明和取得成绩的材料附在求职信后。

### （二）掌握简历制作技能

在求职信后面，一般要附一份个人简历。个人简历是描写自己过去学习、生活、工作经历和成绩的一份完整的总结报告。个人简历的真正目的是让用人单位了解求职者在学习、能力、性格、经验方面的综合素养，是用人单位对求职者进行分析、比较、筛选，以决定是否录用的主要依据。一份好的简历需要有很好的创意。简历必须能吸引阅读者的注意。要注意以下要求。

★ 要真实。对于自己的专业、特长、兴趣爱好应当如实填写，不能过分炫耀，更不能弄虚作假。

★ 要全面并突出重点。要全面描述你的职业技能和成绩，要全面描述你曾获得的奖励和荣誉，如优秀工作者、三好学生、优秀团员、优秀学生干部、各种奖学金等。要重点突出你的工作经历、实习或实践经历，特别是与应聘职位相关的工作经历或实习经历，等等。

如果应聘外资企业、大的跨国公司，应把最近的经历放在前面。

## 三、学习掌握求职面试礼仪

### （一）礼仪在求职面试中的重要作用

有学者通过研究得出结论，指出大多数用人单位录用的是他们喜欢的人，而不是最能干的人。那么，如何赢得用人单位的喜欢呢？注重求职礼仪将会帮助你抓住每一个机会，并以最快的速度找到自己理想的职业。所以，礼节及礼貌是一封通向四面八方的推荐信。

求职礼仪就是求职者在求职过程中与招聘人员接触时应具备的

礼貌言行和仪表仪态规范。求职礼仪通过求职者的应聘资料、语言、仪表、仪态举止、着装等方面体现其内在素养。人们常说心态走在行为前面，要想在求职中把礼仪行为做到位，你需要明确两个心态。

★ 你必须具备"求"的心态。不论你的条件多么好，无论人才市场的供求状况对你多么有利，都不能摆出舍我其谁的架势，在求职的整个过程中始终要讲究尊重他人，注重礼貌修养。同时，一个懂得如何尊重别人的人，也一定能够做到自尊。即你在求职中，通过礼仪表达"求"的心态的同时，也要运用礼仪提出和维护自己正当的利益、要求和尊严。因为无论是招聘者还是求职者，都是站在"公平、平等、自尊"的位置上相互审视、彼此选择的。

★ 你必须了解用人单位的心态。在市场经济时代，市场的竞争就是企业形象的竞争，企业员工的综合素养，特别是文明礼仪素养已成为企业形象的重要组成部分。企业招聘员工时特别注重其文明礼仪素养。现在，一些企业已经将"礼仪"作为录取新员工的必备条件之一。

### （二）面试服饰礼仪

俗语说，"人靠衣装，佛靠金装""人靠衣裳马靠鞍，三分容貌七分妆"。服饰是一种文化，具有极强的表现功能，传递着各种各样的信息，能给人自信，在一定程度上反映人的能力与实力。服饰作为一面镜子，能折射出一个人的价值取向、文化修养、审美情趣、心理状态、性格爱好等。

求职者的仪容仪表，是给考官的一个直观形象。有人说，如果能让考官的眼神在你的身上停留三秒钟，你才有可能面试成功。你的仪容、仪表，是吸引考官注意的重要条件。因此，求职者在进入面试现场之前，要认真"包装"一下自己。

（三）面试举止礼仪

1. 守时守约。求职时一定要守时守约，不迟到或违约。迟到和违约都是不尊重主考人员的一种表现，也是不礼貌的行为。如果你因客观原因需要改期面试，或不能如约按时到场，应事先打个电话通知主考人员，以免其久等。如果已经迟到，不妨主动陈述原因。

2. 关掉手机。在面试时，自觉把手机关掉。不能在面试时手机铃响或接听手机，这是极不礼貌的行为。

3. 敲门进入。被招呼进去面试时，一定要敲门。即使面试房间的门开着或虚掩着，也要敲门，千万不要冒失闯入，给人以鲁莽、无礼的印象。敲门时注意敲门声音的大小和敲门的速度，一定要轻轻地、慢慢地敲，得到允许后再轻轻地进门，入室后转身把门关好，动作要轻，尽量不发出声音，然后缓慢转身面对考官。

4. 面带微笑。笑是面部表情的总体表现。真诚的微笑是人际交往的通行证，具有塑造形象、表现性格、协调关系等功能。

5. 站姿及坐姿。面对考官，不论男生还是女生均应采用标准的礼仪站姿，即双腿并拢，两手自然下垂。在求职场合，不要未经许可就自己坐下，要站在原地等待考官对你说"请坐"后再落座。

6. 双手递物。求职要带上个人简历、证件、介绍信或推荐信等必要的求职资料。见面时，一定要不用翻找就能迅速取出所有需要的资料。如果要送上这些资料时，要把资料的文字正面对着考官，双手奉上。

### （四）面试结束礼仪

面试时间的长短依面试内容而定。主考人认为应结束面试时，往往会说一些暗示的话语或做出暗示动作，面试者得到暗示后，应当主动、适时告别。

面试结束时的礼节也是用人单位考察求职者的重要方面。不要在主考人员结束说话前表现出躁动不安、急欲离开的样子；告别时应感谢对方花时间同自己面谈。

如果求职如愿，不要得意忘形，不要过分惊喜，应以稳重的姿态向考官表示感谢。

如果结果未知，则应再次强调你对应聘工作的热情，并说："感谢您抽时间与我交谈，使我获益匪浅，希望今后能有机会再次得到您进一步的指导。"

如果求职失败，也不要失态。在求职无望的情况下，应及时结束谈话。不要再强行"推销"自己。直至告辞，要始终面带微笑，感谢考官花宝贵的时间与你面谈。

面试结束后，不忘感谢。很多时候用人单位不会当场告诉你应聘的结果。一般是在3~5天后才会通知结果。在此期间，如果能及时反馈感谢信息，加深招聘人员对你的印象，就能够增加求职成功的可能性。比如，面试后你最好给招聘人员打个电话，时间不超过5分钟，或发一封感谢信，长度不超过一页。

思考与实践

1. 阅读下面短文，思考一下职业定位的重要意义，再思考一下，你的职业定位是什么？

　　据说，某著名导演在陕北拍电影时见到一个孩子，夕阳西下时骑在牛背上哼着陕北小调，导演问："娃，你在干啥？"

　　孩子很悠闲地答："我在放牛！"

　　"为啥放牛？"

　　"放牛挣钱！"

　　"为啥挣钱？"

　　"挣钱娶媳妇！"

　　"娶媳妇干吗？"

　　"娶媳妇生娃！"

　　"生娃干吗？"

　　"生娃放牛。"

　　……

　　**我的思考：**

_____
_____
_____
_____

　　2. 根据自己所学专业和职业定位，写出自己的职业生涯规划。职业生涯规划撰写，可参照下面的提纲结构。

　　概述自己的成长经历。

　　对自己的职业技能及综合职业素养的分析评价，客观地认清自己的优势，准确地找出存在的差距。

根据自己所学专业及志向，定位职业目标。

为实现职业目标，应划分几个步骤，采取哪些措施。

**我的职业生涯规划：**

3. 阅读下面短文,思考一下,它对你撰写求职信和制作简历有哪些启示?

求职主要包括求职报名和面试两个环节,而能否进入面试环节以至求职成功的关键还在于求职报名材料能否传递出与用人单位岗位需求相匹配的相关信息。在撰写求职信和求职简历时,要特别注意以下问题。

(1) 避免在求职简历中自挖"陷阱"

某地组织的现场招聘会上,有一位应聘的毕业生在个人简历的"座右铭"一栏中填写着"长风破浪会有时,直挂云帆济沧海",引起了招聘考官的注意。这本是李白《行路难》三首之一的诗句,喻指施展自己远大抱负的时日必定会到来。见一位青年人有如此的志向、如此的文雅之风,他喜出望外,觉得自己遇到了"千里马"。招聘考官就随口问他这句诗是谁写的。谁料这位求职者却回答说:"这是我的座右铭。"见他答非所问,考官就直接问:"这是谁的诗句,作者是谁?"没想到这位"大儒"愣住了,尴尬地说:"不好意思,我忘了。"结果,弄巧成拙的"文雅",使他掉进了自己挖的"陷阱"。

因此,在填写个人简历或报名登记表的过程中一定要注意,不要过分追求完美,为了装饰自己而罗列一些连自己都不明白的内容。因为招聘人员一般都会首先研究你的简历材料,然后再据此提问、核实他感兴趣的话题。如果连自己明示的问题都不能很好地回答,那可能就是一次失败的求职。

(2) 注意与招聘岗位条件的匹配

求职者应聘的多为具有较高技能要求的岗位,在所学专业、工种以及持有技能等级证书等方面往往有具体的要求。如招聘岗位要求数控车工高级工证书,那只有车工高级工技能等级证书就难以符合要求了。

因此,求职者要认真阅读应聘单位的招聘条件,对于明示的具体条件要求,在填写求职简历的过程中一定要注意做到一一对应,不能简单地填写"高级工""中级工"之类模糊的概念。你只有符合其设置的条件才可能通过报名审核,否则就可能被拒绝或造成反复。

(3) 避免出现自相矛盾的内容

在用人单位提供的报名登记表中一般都有"是否应届""工作经历"和"工作简历"等栏目。由于某些单位或岗位有"两年以上基层工作经历可以报考"等特殊要求,所以应考人员不得回避,也不能模糊填写。"应届"对应着"往届";"工作经历"栏目填写的是时间年限;"工作简历"要求填写的是简要的经历,涉及工作时间、工作单位、工作内容等。因为三者之间具有一定的关联,所以要慎重填写,避免相互矛盾。如果为应届毕业生,那么一般情况下就不会有工作经历,工作简历也不会有什么内容可以填写。如果在"工作经历"栏目中填写"无",那么在"工作简历"栏目中也就不需要且不可能再填写什么内容了。反之,如果有工作经历,那就应该填写具体的工作简历了。

因此,求职者一定要注意正确理解表格栏目中的概念,这里的"工作经历或工作简历"应当是求职者作为《劳动法》中规定的合法劳动者的工作经历的记载。只有那些通常所说的"合法的、正式的、长期的、赖以谋生的活动"才能称得上"工作"。将那些校内外兼职、社会实践之类的活动都填写成"工作经历",既耽误时间,也显露出自己的认知差距。

如果求职者非得要证明自己有一定的社会经历,可以在"工作经历"栏目填写"无",而在"工作简历"栏目中具体填写自己的社会实践、校内外兼职等经历,但一定要加上"兼职""社会实践"之类的词语,减少招聘人员的误解误判。

(4) 态度认真,对自己负责

在报名过程中,有的求职者把自己的出生时间和毕业时间填颠倒了还浑然不知,有的求职者把就读学校的地址填在"工作单位地址"栏中,出现这些错误明显反映出报名求职者的主观态度和行为特点,给招聘人员留下了不好的第一印象,也很可能就此错失了一次机会。

有的用人单位在现场招聘中,不论报名人员递上来的简历如何精美,还要让其填写招聘单位自己印制的"求职者登记表",主要目的一是在此过程中对求职者进行观察,二是对求职者的文字书写能力进行考查。那些字迹潦草、在材料上涂涂改改的人往往在现场就被淘汰掉。

投递简历、填写报名表是求职报名环节的主要内容,事关后续程序的有无。"工欲善其事,必先利其器",未就业人员一定要加强对简历、报名表等求职文件填写的训练,为实现"好就业"创造一个良好的开端。

**对我的启示:**

_____

_____

4. 假定某外资企业要招聘你所学专业的员工。招聘条件是中职以上学历，取得中级以上职业资格证书，有相关岗位的工作或实习、实践经历，具有良好的职业素养。依据招聘条件拟定一封求职信及一份简历。

**我的求职信：**

## 我的求职简历：

| 姓名 | | 性别 | | 民族 | |
|---|---|---|---|---|---|
| 身高 | | 体重 | | 政治面貌 | |
| 出生年月 | | 籍贯 | | 毕业时间 | |
| 学历 | | 学位 | | 专业 | |
| 毕业学校 | | | | | |
| 联系地址 | | | | | |
| 联系电话 | | 手机 | | 电子邮箱 | |
| 爱好特长 | | | | | |
| 职业资格证书等级 | | | | | |
| 获奖情况 | | | | | |

### 学习及实践经历

| 时　间 | 学校或单位 | 所学专业或工作岗位 |
|---|---|---|
| | | |
| | | |
| | | |
| | | |

自我评价